DIE

PLATA-STAATEN

UND

DIE WICHTIGKEIT

DER

PROVINZ OTUQUIS UND DES RIO BERMEJO

SEIT DER

ANNAHME DES PRINCIPS DER FREIEN SCHIFFFAHRT AUF DEN ZUFLÜSSEN DES RIO DE LA PLATA.

VON

S. GOTTFRIED KERST.

MIT EINER KARTE.

BERLIN.
VERLAG VON VEIT UND COMP.
1854.

Inhalt.

I.

Einleitung. Die freie Schiffahrt auf den Strömen des La Plata ist gesichert.

Amerika, von der Vorsehung der europäischen Menschheit zum Schauplatz einer neuen grossartigen Entwickelung bestimmt, ist unstreitig der von der Natur am herrlichsten ausgestattete Welttheil. Durch alle Zonen hingestreckt, und als Verbindungsglied für alle übrigen Continente in die Mitte des allgemeinen Oceans gelagert, ist er zu der hervorragendsten Rolle in der Geschichte der Menschheit prädestinirt. Die Gewalt dieses Verhältnisses hat in stetigem Wachsthum, von dem ersten Tage der Entdeckung dieses Welttheils an, sich in unwiderstehlicher Weise geltend gemacht. Ein für das Völkerleben unbedeutender Zeitraum von viertehalbhundert Jahren ist kaum seit der Entdeckung des grossen Genuesers verflossen und wir sehen den ganzen riesigen Continent in verschiedenen Richtungen von den Europäern durchforscht, in Besitz genommen, zahlreiche Städte daselbst gegründet, in denen europäische Cultur waltet, und umfangreiche Staaten gebildet, welche von der Natur mit Allem ausgestattet sind, was das Leben des civilisirten Menschen beglücken, ihm Reiz verleihen kann.

Keiner der übrigen Welttheile bietet, im Ganzen betrachtet, so grossartige und günstige Verhältnisse für die menschheitliche Entwickelung dar, als Amerika. Eine unermessliche Küstenentwickelung an den grössten und für den Verkehr wichtigsten Meeren, Riesenströme wie dazu geschaffen, die Cultur in das fernste Innere des Continents zu leiten, und ein Boden von wunderbarer Fruchtbarkeit, sowohl für den Anbau aller nützlichen, selbst der geschätztesten Gewächse, als auch für die Zucht aller für den menschlichen Haushalt nützlichen Thiere geeignet, und der zugleich in seinem Schoosse die werthvollsten und nützlichsten Mineralien jeder Art in fabelhafter Menge birgt, mussten nothwendig mit gewaltiger Anziehungskraft auf die betriebsame europäische Bevölkerung wirken.

In der allgemeinen Jagd auf die Erwerbung unermesslicher Besitzungen in dem neuen Welttheile fielen die reichsten und schönsten Länder den Spaniern und Portugiesen als Beute zu, die sie Jahrhunderte lang mit dem ganzen Argwohn, mit welchem der Geizige seine ihm ziemlich unnützen Schätze bewacht, vor der übrigen Welt abzuschliessen suchten. Der überraschend sich entwickelnde Reichthum der Kolonien wurde indessen bald die Hauptgrundlage der Macht ihrer Stammländer, reizte aber auch um so stärker die Habsucht der letztern, welche immer steigende Erpressungen zur Folge hatte, erzeugte und nährte das Misstrauen in die Treue der Kolonien, welches wiederum der Grund zu entwürdigender Unterdrückung derselben wurde. So wurden denn gerade die Mittel, welche eine arglistige Politik zur Erhaltung der Kolonien in Abhängigkeit in Anwendung brachte, die Ursachen zu dem gefürchteten Verlust derselben. In blutigem Bruderkampfe und mit dem Opfer ihres Wohlstandes errangen die Kolonien endlich ihre Unabhängigkeit; aber welche Verschiedenheit zeigt ihre weitere Entwickelung als selbstständige Staaten!

Die ehemaligen englischen Kolonien, genährt von dem Geiste wahrer bürgerlicher Freiheit, welcher alle staatlichen Verhältnisse des Mutterlandes durchdringt, entfernten männlich alle religiösen und politischen Knebel, durch welche man den Geist zu erwürgen vermeinte, und errichteten ein Staatsgebäude auf so sichern Fundamenten, dass es bald bei Einigen Furcht, bei Vielen sehnsüchtige Hoffnungen, bei Allen den

Glauben an Dauer und Bestand erweckte. Dieser Glaube hat der amerikanischen Union in kurzer Zeitspanne eine Fülle von Macht verliehen und zugeführt, welche bis dahin in der Geschichte ohne Beispiel war, und diese Macht der Union wächst in unseren Tagen immer gewaltiger an, in Folge der mannigfaltigen Ursachen, welche alljährlich Hunderttausende aus Europa treiben. Ob es verständig ist, gegen diese Thatsache absichtlich die Augen zu verschliessen, wird von allen Denen bezweifelt, welche der folgenreichen Erscheinung der Auswanderung, eine mehr als flüchtige Aufmerksamkeit zugewendet haben. Wir unseres Theils haben nach ernster Prüfung und unbefangener Beobachtung die unerschütterliche Ueberzeugung gewonnen, dass es für die civilisirten europäischen Staaten, insonderheit für Deutschland, eine brennende Lebensfrage geworden ist, den unhemmbaren Auswanderungsstrom nach Gegenden zu leiten, die, durch ihn befruchtet, dem alten Europa zu einer neuen unermesslichen Quelle des Seegens werden, und das sind die aus den ehemaligen spanischen Kolonien erwachsenen Staaten Südamerikas.

Von einer argwöhnischen, despotischen Regierung Jahrhunderte lang niedergedrückt und ausgebeutet, fehlten den südamerikanischen Staaten, nach ihrer Befreiung vom spanischen Joche, die Grundlagen, auf denen sich bürgerliche Freiheit und Wohlstand begründen lassen. Dazu kam, dass die schwache, unwissende, in vielen Gegenden sehr gemischte Bevölkerung, über ein unermessliches Gebiet zerstreut war, und sich in keinem Punkte eine compactere Bevölkerung zusammengedrängt vorfand, von welchem aus Cultur und Ordnung sich verbreiten konnten. Bei dem Gefühl eigener Schwäche gegen europäische Oberherrschaftsgelüste mit Recht misstrauisch, glaubte man durch möglichste Absperrung gegen eine fremde Einwanderung die mühsam gewonnene Selbständigkeit wahren zu können. Fortschreitende Armuth und sich immer erneuende Anarchie sind die Folgen dieser ängstlichen Politik gewesen, und die reichsten und schönsten Länder der Erde bieten nunmehr den betrübendsten Contrast gegen die von der

Natur weit weniger begünstigte nordamerikanische Union dar. Leider hat die Politik eines oder des andern eroberungssüchtigen europäischen Staates diese Lage der südamerikanischen Republiken zum Theil mitverschuldet. Denn statt darauf zu denken, wie diesen jungen Staaten die Mittel zuzuführen seien, durch welche sie befähigt würden, die unermesslichen Reichthümer ihres Bodens zu heben, ihren Wohlstand zu begründen und die Bedingungen schätzen zu lernen, unter denen derselbe allein bewahrt und gemehrt werden kann, während sie dadurch zugleich in die Lage gebracht worden wären, in immer steigendem Maasse die Abnehmer der europäischen Industrieerzeugnisse, die Ableiter für das europäische Proletariat und der Revolutionäre aus Mangel und Beschäftigungslosigkeit zu werden, hat man in unbegreiflicher Verblendung viele Millionen vergeudet, um an verschiedenen Punkten durch Intriguen, die man durch Flotten und Heere unterstützte, eine sogenannte „conquête pacifique“ zu machen, wobei aber weder Gloire, noch irgend ein moralischer oder materieller Vortheil, gewonnen wurde.

Die Zeit ist längst vorüber, wo ein europäischer Staat, und wäre er noch so mächtig, in Amerika dauernde Eroberungen machen könnte. Nordamerika hat bereits einen guten Theil der europäischen Kraft in sich aufgenommen, und man fährt in Europa fort, die bereits Gefahr drohende Macht der Union unwillkürlich immer mehr zu steigern, indem man ihr Menschen, Kapitalien, Wissenschaft und Künste so eifrig zuführt, als sei es politischer Calcül der monarchischen Staaten Europas, diesen demokratischen Staat so eilig als möglich zur Weltherrschaft zu verhelfen. Dadurch ist die Union bereits hinlänglich gekräftigt worden, um andere Eroberer von Amerika fern zu halten, und in diesem Streben findet sie in den Bevölkerungen des gesammten Amerikas, ja in der Bevölkerung eines grossen Theils von Europa selbst, die entschiedenste Unterstützung. Wir meinen daher, es sei die höchste Zeit, die überschüssigen Kräfte Europas fortan Südamerika zuzuwenden, um die Staaten daselbst zu stärken, und sie in eine solche Lage zu versetzen, dass ihr Anblick jeden Gedanken einer, auf ihre Kosten zu machenden, Eroberung niederschlage, und dass Europa sich auf die Vortheile beschränke, welche der gesteigerte Verkehr mit diesen Staaten, in Folge einer solchen Politik, mit sich führen muss. Eine solche friedliche Politik liegt zugleich im Interesse der Vereinigten Staaten Nordamerikas, deren Produkte in den fortgeschrittenern Theilen der Union im Ganzen denen Europas zu ähnlich sind, als dass durch dieselben eine wesentlich weitere Steigerung des Verkehrs mit den europäischen Ländern herbeigeführt werden könnte, und die gewaltige Einwanderung der neuesten Zeit hat den Werth der auf den Ackerbau angewendeten Arbeit dort bereits so tief herabgedrückt, dass man mit Vortheil zum Fabriksystem übergehen konnte. Die gewerblichen Verhältnisse der Union gestalten sich daher überraschend schnell immer mehr denen der europäischen Staaten ähnlich, und erzeugen das Bedürfniss mit den eigenen landwirthschaftlichen und Industrieerzeugnissen der Union auf fremden Märkten mit denen Europas in Concurrenz aufzutreten. Diese Mitbewerberschaft der Vereinigten Staaten auf den fremden Märkten ist nicht mehr auszuschliessen, nachdem man nun einmal sie soweit gefördert hat. Um so mächtiger aber dürfte nunmehr der Antrieb wirken, die Cultur der südamerikanischen Staaten zu fördern.

Unter diesen Staaten nimmt räumlich betrachtet, Brasilien den ersten Rang ein. Die Natur hat für dieses Land Alles geleistet, was einen Staat reich, mächtig und glücklich machen kann. Aber es ruht auf demselben der Fluch der Sklaverei, die alle Hoffnung auf eine gedeihliche Entwickelung abschneidet. Revolutionen, schrecklichere als diejenigen, die irgend ein anderer Staat Amerikas durchgemacht, stehen voraussichtlich in nicht allzu ferner Zukunft diesem Lande bevor und die herrschende Faction daselbst zeigt sich völlig unfähig dieselben zu beschwören. Brasilien hat eigentlich keinen Befreiungskampf durchzumachen gehabt. Es war seit der Zeit, als die Königl. Familie von Portugal daselbst ein Asyl fand, ein unabhängiges Reich. Das alte portugiesische Regierungssystem setzte sich daher bis zu dieser Stunde fast ungeschwächt fort. Was von den weltbewegenden Ideen der Neuzeit ihm zuströmte, haftet nur als sehr äusserlicher Anflug, führte aber zu keiner inneren Umgestaltung, wie die Revolutionen in den übrigen amerikanischen Staaten. Ist dies einerseits ein Glück zu nennen, so ist es andererseits doch ein schweres Unglück; denn die Krisis ist nur verschoben, das Land auf einen Vulkan gestellt, dessen Eruptionen um so furchtbarer sein werden je länger die gährenden Kräfte gewaltsam comprimirt werden. Der Mangel an hinlänglicher sittlicher Kraft verhindert die herrschende Klasse zu dem Rettungsmittel, welches möglicher Weise allein die drohende Gefahr abzuwenden vermöchte, zu greifen, nämlich das menschenleere Gebiet, nach dem Vorbilde, das die Vereinigten Staaten gegeben, der freien Einwanderung zu öffnen, die man durch die stärksten Bande an des Landes Interessen fesselt. In dem Bewusstsein der Schwäche, ein so unermessliches Gebiet gegen irgend einen ernsten Angriff zu vertheidigen, sucht man durch diplomatische Intriguen den Mangel an realer Macht zu ersetzen. Dass dieses Mittel das Reich für die Dauer nicht zu schirmen vermag, ist einleuchtend, und nicht minder die Interessen der übrigen südamerikanischen Staaten als die der europäischen, werden bald dahin drängen, dass ihnen nicht die grössere und schönste Hälfte des südamerikanischen Kontinents von einer Handvoll Menschen verschlossen bleibe, die weder die Kraft, noch die Einsicht, noch den Muth haben, das reiche Gebiet, welches der Zufall ihnen überliefert hat, im Interesse der Menschheit zu benutzen. Dieselbe treibende Gewalt, welche das mehr als 300 Millionen Einwohner zählende Chinesische Reich gezwungen hat, seine Grenzsperren niederzureissen, welche das mächtige Japan nöthigt, in den Kreis des allgemeinen Verkehrs einzutreten, wird sicherlich nicht durch kleinliche Intriguen von der Oeffnung der Lebensadern des südamerikanischen Kontinents abzuhalten sein. Ob der Amazonenstrom, in dessen unermesslichem Gebiete Raum für mehr als ein mächtiges Reich ist, noch Jahrhunderte seine Wassermassen ungenützt dem Ocean zuwälzen, ob sein, mit so grossem Luxus von der Natur ausgestattetes Gebiet noch für lange Zeit lediglich der Tummelplatz wilder Thiere bleiben soll, ist eine Frage, deren Lösung man nicht gar zu lange den Politikern in Rio de Janeiro überlassen wird. So lange aber die Lösung dieser Frage noch ausgesetzt bleibt, sind alle die reichen Länder, welche in dem Amazonenstrome und seinen mächtigen Zuflüssen ihre natürlichen Abzugskanäle haben, auf Verkehrswege angewiesen, deren Schwierigkeiten sie zur Ohnmacht und Armuth verurtheilen.

Der europäische Unternehmungsgeist hat daher vorläufig, und noch für längere Zeit, das zweite Riesenstromgebiet, den La Plata, fest ins Auge zu fassen. In der That haben auch alle grössern Staaten, welche eine Handelspolitik befolgen, seit längerer Zeit sich bemüht gezeigt ihrem Handel dieses Stromgebiet zu öffenen; aber Deutschland, das in seiner riesigen Auswanderung, in seiner täglich wachsenden Industrie und in seiner grossen Handelsmarine genügende Aufforderung finden sollte, sich vor Allen den neuesten erfolgreichen Bemühungen Englands, Frankreichs und Nordamerikas anzuschliessen hat, während die genannten Staaten, selbst Sardinien, handeln, noch immer nicht zu einem Entschlusse kommen können. Wir fürchten sehr, dass der günstige Moment vorübergegangen sein wird, wenn man endlich in Deutschland zu der Einsicht gelangt, dass man handeln müsse.

Die gewaltige Barriere, welche die Natur in den Anden gegen das Stille Meer aufgethürmt hat, schliesst von dieser Seite den Zugang zu dem ganzen südamerikanischen Kontinent. Die Entwickelung der reichen herrlichen Länder an der Westküste hängt daher fast gänzlich von der Kolonisation und von der freien Beschiffung der wundervollen Ströme ab, in denen die Natur einen mehr als hinlänglichen Ersatz für das Hemmniss, welches der Riesenwall an der Westküste für den Verkehr bildet, dargeboten hat. Auf den gigantischen Strömen Orinoco, Amazon und La Plata und deren gewaltigen Zuflüssen wird, sobald sich der europäische Auswanderungsstrom diesen Gegenden zuwendet, sich ein Leben entfalten, wovon der heutige Verkehr auf dem Mississipi kaum einigermassen eine Vorstellung zu geben vermag. Denn jeder der drei Ströme für sich betrachtet wiegt einen Mississipi auf, und umfasst Gebiete, die an Fruchtbarkeit und an Kostbarkeit der Produkte, die sie zu erzeugen im Stande sind, die Länder des Mississipi-Gebietes unendlich weit hinter sich lassen. Dazu kommt, dass die Natur selbst den Orinoco mit dem Rio negro, und durch denselben, mit dem Amazonenstrom, mittelst des Cassiquiari, verbunden hat, und dass durch einen Kanal von nur 5300 Toisen, der, ohne grosse Schwierigkeiten zu überwinden, zwischen dem Jaurú (Nebenfluss des Paraguay) und dem Madeira hergestellt werden kann, der La Plata mit dem Amazonenstrom verbunden werden kann, nach dessen Herstellung also Buenos Ayres (35° S. Br.) mit Angostura (8° N. Br.) eine grossartige innere Wasserverbindung haben wird*).

Wir haben jedoch schon bemerkt, dass die Unternehmungen in der Gegenwart sich hauptsächlich auf das Plata-Stromgebiet zu beschränken haben. Was hierzu bestimmt, ist nicht allein die erwähnte Eifersucht oder Furcht der Brasilianischen Regierung hinsichtlich einer freien Einwanderung in das Amazonengebiet, sondern besonders der Umstand, dass das Platagebiet zum grossen Theil der gemässigten Zone angehört, also europäischen Einwanderern zuträglicher ist, sodann dass dasselbe bereits zum Theil eine grössere Bevölkerung hat, die eine Masse werthvoller Produkte für den Austausch gegen europäische Erzeugnisse gewinnt, und an der Mündung des Platastroms grosse Handelsplätze besitzt, die als Concentrationspunkte grosser Kapitalien jeder gesunden Speculation eine sichere Basis gewähren.

Mit dem Sturze des Dictators Rosas ist zugleich das System der Barbarei, welches länger als 20 Jahre hindurch auf dem Lande lastete, gefallen. Die seither schmählich unterdrückten und ausgesogenen Provinzen athmen wieder auf, und der unfruchtbaren Partheikämpfe müde, haben sie einstim-

---

*) Alex. von Humboldt Voyages T. IX. p. 188.

mig den Wunsch laut werden lassen, mit den civilisirten Völkern in Verkehr zu treten, durch den allein die grossen, bisher total vernachlässigten Hülfsquellen des Landes flüssig gemacht werden können. Als die klarste Kundgebung dieses Willens ist das allbekannte Decret des Chefs der Argentinischen Conföderation, vom August 1852, zu betrachten, das den La Plata-Strom und seine Zuflüsse dem Handel und der freien Schiffahrt allen Nationen öffnet. Selbst die Provinz Buenos Ayres, welche durch die, seit der Flucht des Ex-Dictators Rosas, eingetretene neue Ordnung der Dinge sich ungern des Vorrangs entkleidet sah, den sie bisher zu behaupten gewusst hatte, und zur Wiedergewinnung ihres alten Einflusses mannigfache unfruchtbare Versuche machte, beeilte sich nach ihrer Lossagung von dem Argentinischen Staatenbunde durch das Decret vom 18. October 1852*) dem Grundsatze der freien Schifffahrt aller Nationen auf den Zuflüssen des Rio de la Plata ausdrücklich beizustimmen.

Hier reihen sich ferner an:

---

*) Dasselbe lautet in der englischen Uebersetzung wie folgt:

„The Honourable Chamber of Representatives of the Province of Buenos Ayres, in exercise of the ordinary and extraordinary soverignity with which it is invested, has sactioned with the validity and force of law the fallowing:

Art. 1. The province of Buenos Ayres recognises as a principle the general convenience of opening the River Parana to the mercantile traffic and navigation of all nations; and henceforth declares and concedes it on its part.

Art. 2. The Executive Power is authorised to accord the corresponding regulations, which shall be submitted for the approbation of the Honourable Chamber.

Art. 3. When the regulations referred to in the second article have been approved, they shall be submitted by the Executive Power to the conterminous provinces for their adoption, in so far as they concerned, without prejudice to their immediately commencing to have effect in what regards the province of Buenos Ayres.

Art. 4. Let it be communicated to the Executive Power.

Marcelo Gamboa, Vice-President.
Juan Pico, Secretary.

der zwischen der Argentinischen Conföderation und der Republik Paraguay abgeschlossene sehr wichtige Vertrag vom 15. Juli 1852, welcher in den Art. 5 bis 8*) die freie Schifffahrt auf dem Rio Paraguay und dem Vermejo für alle Fahrzeuge unter argentinischer Flagge stipulirt; und

die nicht minder wichtigen Verträge, welche Grossbrittanien, Frankreich, die Vereinigten Staaten von Nordamerika und Sardinien im Februar 1853 mit der Republik Paraguay abgeschlossen haben, durch welche dieses reiche Land dem Verkehre des Auslandes geöffnet wird. Nach diesen Verträgen ist den genannten Staaten Seitens Paraguay die freie Schifffahrt auf dem Paraguay bis Asuncion, und auf dem Parana von da, wo dieser Fluss dem Gebiete der Republik angehört, bis zur Stadt Encarnacion, eingeräumt. Waaren aus den gedachten Ländern werden unter solchen Bedingungen wie sie den am meist begünstigten Nationen gestattet werden, zugelassen, und im Falle eines Bruches, zwischen Paraguay und einem oder dem andern der genannten contrahirenden europäischen Staaten, sollen die Unterthanen beider, die sich respective auf dem Gebiete des andern angesiedelt haben, im vollen Genuss ihrer Freiheit und ihres Eigenthums bleiben, während andererseits die öffentlichen Gelder der beiden Contrahenten in keinem Falle aufgehalten, confiscirt oder sequestrirt werden dürfen. Allen in Paraguay wohnenden britischen resp. französischen, nordamerikanischen Staatsbürgern wird unbeschränkte Glaubensfreiheit, ihren Todten ein anständiges Begräbniss auf den allgemeinen Kirchhöfen zugesichert. Die Regierung der Republik macht sich, in Folge des Gesetzes, welches die Freiheit aller von Sklaven abstammenden Kinder ausspricht, verbindlich, alle ihre Unterthanen und im Staate Angesiedelten durch die wirksamsten Mittel vom Sklavenhandel mit afrikanischen Negern abzuhalten**).

Die Yankees, denen man doch gewiss nicht einen prak-

---

*) Siehe die Beilagen Nr I.

**) Siehe die Beilage Nr. II.

tischen Blick in Handels-, Schifffahrts- und in manchen andern Angelegenheiten absprechen kann, haben sich nicht durch das Geschwätz der Lohnschreiber, welche Rosas in Europa besoldete, und die Urtheile solcher Franzosen beirren lassen, welche aus dem Freistaat Banda oriental del Uruguay, durch eine sogenannte conquête pacifique, eine französische Kolonie zu machen trachteten, und deshalb den Glauben zu verbreiten suchten, dass die herrlichen Länder des Plata-Gebiets, zumal die innern Provinzen der Argentinischen Conföderation, Paraguay u. s. w., für den europäischen Verkehr ohne alle Bedeutung seien; es deshalb pure Menschenfreundlichkeit des „grossen" Rosas gewesen sei, wenn er den Handel und Verkehr mit dem Innern den Fremden ganz entzog, die Binnenstaaten durch vorsätzliche Vernachlässigung der Communicationsmittel in Armuth und Barbarei versinken liess, und der Stadt Buenos Ayres die Ausbeutung der Binnenländer überlieferte, freilich nur in so weit er dieses Monopol in seinem persönlichen Vortheile und für sein barbarisches Gaucho-Regiment ungefährlich fand. Es ward nichts versäumt, die Macht dieses Despoten, dem nichts als Schlauheit und feige Grausamkeit eigen war, zu übertreiben, eine Macht, die sich als ein Phantom erwies, welches vor ein Paar ernsten Flintenschüssen spurlos verschwand. In der That die Folgezeit wird es unbegreiflich finden, wie es möglich gewesen, dass das stolze Frankreich und das mächtige England sich so oft und so tief vor einer Schattenmacht beugen konnten! — Die Nordamerikaner, aus eigener täglicher Anschauung die Bedeutung eines Stromgebietes, das dem des Missisipi gleichkommt, wohl kennend, haben die neuen Verhältnisse am La Plata sofort richtig gewürdigt, und beeilen sich von dem proclamirten Princip der freien Schifffahrt auf den mächtigen Zuflüssen des La Plata den möglichst grössten Nutzen zu ziehen. Die Bundesregierung zu Washington verlor nicht einen Augenblick, seinen Vertreter in Buenos Ayres zu instruiren, wie er die neue Lage dort zu benutzen habe und beeilte sich in dem, für die innere Entwickelung des grossen in Rede stehenden Ländergebietes, höchst bedeutsamen Asuncion del

Paraguay, einen Consul zu ernennen, zu welcher Stelle sie einen Mann wählte, welcher längst vorher sich von den inneren Verhältnissen der Plata-Länder unterrichtet hatte. —

Unter den Binnenländern des Plata-Stromgebietes, welche bei der freien Schifffahrt auf den Strömen desselben am meisten interessirt sind, ist ganz besonders den Bestrebungen des von der Natur überreich gesegneten **Bolivias** die grösste Aufmerksamkeit zuzuwenden. Fast kein anderer Binnenstaat hat von den barbarischen Regierungen, welche so lange in Buenos Ayres und Asuncion wirthschafteten, schwerer gelitten, kein anderer südamerikanischer Staat das Bedürfniss, mit der civilisirten Welt in Verbindung zu treten, tiefer empfunden als Bolivia. Die inneren Hülfsquellen und die geographische Lage dieser Republik, deren Bevölkerung fast doppelt so zahlreich ist, als die der Argentinischen Conföderation, bieten ein so vielseitiges, mannigfaches Interesse dar, dass wir uns durch dasselbe für hinlänglich entschuldigt halten, wenn wir in den folgenden Abschnitten dieser Schrift vorzugsweise dieses Land zum Gegenstande unserer Betrachtung machen.

Dem Prinzip der freien Schifffahrt hat Bolivia nicht allein zugestimmt, sondern hat auch in richtiger Erkenntniss der grossen Segnungen, welche der freie Verkehr auf den Strömen dem Lande zuführen wird, in dem Decret des Präsidenten vom 27. Januar 1853 *) um zu diesem Verkehr einzuladen, sehr erhebliche anderweite Vortheile offerirt. Alle Ströme der Republik, welche dem Amazon und dem Paraguay zufliessen, werden frei erklärt für den Handel und die Schifffahrt aller Nationen; an allen diesen Strömen werden geeignete Orte zu Freihäfen creirt, in welchen auch die Kriegsschiffe der befreundeten Nationen Zutritt haben sollen; allen Individuen und Gesellschaften, welche über den Atlantischen Ocean durch die Ströme nach Bolivien kommen und in den für Häfen erklärten Orten Ackerbau- oder industrielle Etablissements begründen wollen, sollen, wie es das Gesetz bestimmt,

---

*) Siehe die Beilagen Nr. III.

1—12 Quadrat-Leguas Land erhalten, dem ersten Dampfschiffe, das durch den Plata- oder durch den Amazonen-Strom zu einem der bolivianischen Freihäfen gelangt, wird eine Prämie von 10,000 spanischen Thalern zugesichert; die Ausfuhr von National-Erzeugnissen des Bodens und der Industrie mittelst der Ströme wird für frei erklärt; den Tarif für die Einfuhr verspricht man so niedrig als möglich zu stellen.

Unmöglich können solche Beweise des ernstlichen Willens der Bolivianischen Regierung, den Verkehr mit dem Auslande zu fördern, von der europäischen Spekulation jetzt noch unbeachtet bleiben. Nicht der Augenblick hat die Bolivianische Regierung zu diesen Schritten vermocht. Der Gedanke, der dieses Decret diktirt hat, ist längst in Bolivia festgewurzelt. Es existirt eine Reihe Gesetze, die darüber zeugen; eines der denkwürdigsten und in diesem Augenblick von höchster Bedeutung ist das Gesetz vom 17. November 1832, welches dem Bolivianischen Bürger Don Manuel Luis de Oliden die grosse Provinz Otuquis mit ganz ungewöhnlichen Privilegien unter gewissen, jetzt leicht erfüllbaren, Bedingungen schenkt, mit dem Recht, diese Provinz, sammt den Privilegien, an einheimische oder fremde Individuen oder Gesellschaften cediren zu dürfen.*) In einem der folgenden Abschnitte wollen wir diesen Gegenstand in der Ausführlichkeit und mit dem Ernste besprechen, den er in jeder Hinsicht verdient.

So ist denn die freie Schifffahrt und der Handelsverkehr auf allen Hauptströmen des Plata-Stromgebiets gesetzlich und vertragsmässig ausgesprochen und wenigstens für die Flaggen derjenigen Staaten gesichert, deren Regierungen die Bedeutung des Plata-Gebiets für Gegenwart und Zukunft frühzeitig genug begriffen haben, und es für eine ihrer vornehmsten Aufgaben betrachten, den Erzeugnissen ihres eigenen Landes einen ausgedehnten Markt, den Kapitalien und den Schiffen der Unterthanen eine gewinnreiche Verwendung, und über-

*) Siehe Beilage Nr. IV.

haupt dem Unternehmungsgeiste ihrer Nation ein fruchtbares Feld zu gewinnen.

Den Schlussstein aber aller dieser Gesetze und Verträge über die freie Schifffahrt bilden diejenigen gleichlautenden Verträge, welche Grossbrittanien, Frankreich und Nordamerika unter dem 10. Juli 1853 mit dem Chef der Argentinischen Conföderation abgeschlossen haben.*) Durch diese Verträge werden, wie es in der Einleitung derselben heisst, die Bedingungen der freien Schifffahrt auf den Strömen Paraná und Uruguay festgestellt, und die Hindernisse beseitigt, welche bisher der Schifffahrt entgegenstanden. Ueberaus wichtig aber ist der Artikel 5., welcher den Schlüssel dieser Ströme, die Insel Martin Garcia, an den Mündungen derselben durch die Bestimmung, dass dieselbe fortan von Keinem der Plata-Staaten, noch sonst von einem Einzel-Staate, der an die genannten Ströme gränzt, besessen werden soll, zum gemeinsamen Besitz aller der Staaten macht, welche dem folgenreichen Princip der freien Schifffahrt beigestimmt haben.

Es darf nicht Verwunderung erregen, dass diese Verträge, von deren Existenz man in Buenos-Ayres und in Rio de Janeiro erst Ende October die erste Kunde erhielt, seitens der Regierung der Provinz Buenos-Ayres, die sich für den Augenblick vom Argentinischen Staatenbunde getrennt hält, aber als selbstständiger Staat von keiner Macht bis jetzt anerkannt ist, einen lebhaften Protest hervorgerufen hat, und wir irren kaum in der Annahme, dass der plötzliche, von keinem Principienwechsel begleitete Ministerwechsel in Rio de Janeiro in Folge der Kundwerdung dieser Verträge eingetreten ist. Denn jedenfalls bleibt es auffällig, dass man unter den neuen brasilianischen Ministern drei Männer findet, welche in den diplomatischen Kunststückchen, die Brasilien am La Plata aufgeführt hat, persönlich mitgewirkt haben. Denn Brasilien, das von jeher alle Mittel angewendet hat, sich der Banda

*) Siehe Beilage Nr. V.

oriental zu bemächtigen, das für sein Sklaventhum keine grössere Besorgniss kennt, als die kräftige Entwickelung der freien Plata-Staaten, welche bei sich die Sklaverei längst aufgehoben haben, kann unmöglich Verträge mit Beifall begrüssen, wie die in Rede stehenden, die in Art. 8. die Entwickelung der Handelsbeziehungen zu den Uferstaaten und die Vermehrung der Einwanderung in dieselben unumwunden als Hauptziele hinstellen.

Es ist für diejenigen, welche den Schlangenwindungen der brasilianischen Politik mit einiger Aufmerksamkeit gefolgt sind, längst kein Geheimniss mehr, dass all' die schönen Redensarten von Humanität, denen man zum Ueberdruss in der brasilianischen Presse und in den Kammern begegnet, von Aufhebung des Sklavenhandels, Beförderung der Einwanderung nichts als Humbug sind. Brasilien intriguirte und intervenirte am La Plata nicht um des grossen Princips der freien Schifffahrt willen, wie es vorgab; denn diese Unwahrheit springt sofort in die Augen, wenn man sein Verhalten in der Schifffahrtsfrage des Amazonenstroms näher ins Auge fasst, an welcher die Staaten Bolivia, Peru, Equador, Neu-Granada und Venezuela genau dasselbe Interesse haben, als Brasilien an der Schifffahrtsfrage bezüglich der Zuflüsse des La Plata.

Gegen alle bestehenden Verträge und Gesetze hat Brasilien in „seeräuberischer Weise" seit 1831 circa 1½ Millionen Afrikaner eingeschleppt, und dieselben sammt allen ihren Nachkommen, der persönlichen Freiheit beraubt, und erhält sie in Sklaverei. Es sucht von allen angränzenden Staaten, in denen die Sklaverei gesetzlich aufgehoben ist, Verträge zu erreichen über die Auslieferung von aus Brasilien entlaufenen Sklaven, d. h. solcher Menschen, die gegen alle Gesetze ihrer Freiheit beraubt worden und in jenen freien Staaten für ihr Menschenrecht Schutz suchen; ja es ist bemüht, die Sklaverei in den benachbarten Republiken unter einer andern Benennung factisch wieder einzuführen, lediglich, um dadurch die freie Einwanderung in diese Republiken zu verhindern; wovon das wahrhaft schamlose Circular vom 7. August 1852 und die darauf bezügliche Correspondenz, die man in dem Relatorio, welches der Minister des Auswärtigen den brasilianischen Kammern 1853 vorlegte, Seite 49 — 51 unter den Nummern 47 und 48 abgedruckt findet, ein sprechendes Zeugniss geben. Wir glauben uns daher nicht im Irrthume zu befinden, wenn wir die Brasilianische Politik bezüglich der Plata-Staaten für eine dem Wohlstande und der Machtentwickelung dieser Staaten höchst verderbliche ansehen, eine Politik, welche lediglich die Schwächung dieser Staaten und deren absolute Abhängigkeit von Brasilien zum Ziel hat, also um jeden Preis die Entwickelung des Handels und die Stärkung mittelst einer zahlreichen, intelligenten, thätigen Einwanderung zu verhindern trachtet.

Die in Rede stehenden Verträge führen einen unübersteiglichen Wall gegen diese machiavellistische Politik Brasiliens auf und der Schutz dieses Walles ist nunmehr der ganzen civilisirten Welt anvertraut. Es steht demnach nicht zu befürchten, dass es Brasilien je gelingen werde die dem Welthandel und der Einwanderung am La Plata geöffnete Pforte wieder zu schliessen. Die höchsten materiellen und geistigen Interessen und der Unabhängigkeitsgeist der Binnenstaaten sind weitere mächtige Verbündete der Civilisation, welche auf der Insel Martin Garcia für immer ihr siegreiches Banner aufpflanzen wird*).

---

*) Die Insel Martin Garcia, welche die Provinz Buenos Ayres als ihr Eigenthum beansprucht, ist für die kaiserl. Brasil. Regierung immer ein Gegenstand grosser Zärtlichkeit gewesen, so dass sie sogar in einem der drei famösen Verträge, die sie mit der Regierung der belagerten Stadt Montevideo abschloss, die Neutralität dieser Insel stipulirte und in der Fassung des betreffenden Artikels gar nicht undeutlich durchblicken liess, dass der freie Verkehr auf den Strömen für die „Uferstaaten" nur gesichert sein würde, wenn Brasilien die Insel in Besitz nähme. (Vgl. die Times vom 14. Nov. 1851). Diese interessante Insel ist ausgedehnt genug um eine grosse Stadt mit vortrefflichem Seehafen, Werften etc. aufnehmen zu können, und es giebt am La Plata eine aufgeklärte Parthei, welche sie längst für den Sitz der Regierung eines Bundesstaates, der ausser den Argentinischen

II.

Nähere Betrachtung der Flüsse des Plata-Stromgebietes.

Können wir nach dem vorstehend Erwähnten die freie Schifffahrt auf den Zuflüssen des Rio dela Plata als eine unwiderruflich feststehende Thatsache ansehen, so ist die nähere Kenntniss dieser Ströme unerlässlich, weil ihre Natur und

---

Provinzen, die Staaten Uruguay und Paraguay mit umfasst, vortrefflich geeignet findet. Siehe die interessante Schrift: Argyropolis ou la Capitale des Etats confédérés du Rio de la Plata, par M. Domingo F. Sarmiento, Paris 1851. Der folgende Passus aus dieser Schrift lehrt den ganzen Werth und die Bedeutung dieser Insel kennen: „Après la France dont l'intervention peut exercer une grande influence sur la question, ceux qui peuvent faire le plus pour la réalisation de l'idée pacifique que nous émettons, ce sont les gouvernements fédéraux et indépendants du littoral des rivières qui se réunissent pour former le fleuve de la Plata. C'est pour eux une question de vie ou de mort. Si l'île de Martin-Garcia revient sous le pouvoir du gouvernement de Buenos-Ayres, il suffira d'un bateau à vapeur armé en guerre, se promenant dans les eaux du Paranà, pour que la soumission et le silence règnent sur les deux rives. Adieu alors, tout réglement de la navigation des rivières, si souvent sollicité par les gouvernements fédéraux de Santa-Fé, de Corrientes et d'Entre-Rios et à tant d'autres décisions si cauteleusement différées jusqu'à la réunion d'un congrès, qu'on a mis tant d'art à faire oublier! Adieu fédération! adieu égalité entre les provinces! Le gouvernement de Buenos-Ayres tiendra sous ses pieds les peuples de l'intérieur qu'il dominera par le moyen de la douane du port unique, tout comme le geôlier domine les prisonniers par le moyen de la porte qu'il garde. L'île de Martin-Garcia est, à l'entrée des rivières, ce qu'est le verrou à la barrière d'un passage. Malheur à ceux, qui seront dans l'impasse, quand le gouvernement d'une seule province aura de nouveau mis à sa ceinture la clef qui l'ouvre et qui le ferme! C'est là que sont les

Beschaffenheit die Bedingungen feststellt, unter denen das angenommene Prinzip anzuwenden ist. Im Folgenden wollen wir daher in Kürze das Nöthige hierüber zusammenstellen.

Der gewaltige Rio de la Plata wird bekanntlich durch die Vereinigung (unter 34° S. Br.) der beiden Riesenströme: Paraná und Uruguay gebildet. Man weiss, dass Seeschiffe jeder Grösse vom Meere aus bis Montevideo gelangen können. Von Montevideo bis zum Paraná guazu, dem Hauptmündungsarme des Paraná, ist das Fahrwasser nach Capitain Sulivans Karte (1847) überall zwischen $3\frac{1}{2}$ bis 10 Faden tief. Damit stimmt auch der Bericht des Capitains A. T. Hotham*), so dass also Seeschiffe von 16 bis 18 Fuss Tiefgang ohne Schwierigkeit 100 Seemeilen, von Montevideo bis Martin Garcia, den Strom hinaufsteigen können.

1. Der Uruguay. Er entspringt in der Brasilianischen Provinz Santa Catharina am Fusse der Serra do mar, durchströmt in westlicher Hauptrichtung durch fast 7 Längengrade einen zur Zeit noch wenig gekannten, meist mit Urwald bedeckten Landstrich, macht dann einen grossen Bogen, um in der Meridianrichtung den Rio de la Plata zu erreichen. Von der Einmündung des von Norden kommenden Repiri mini bis zur Einmündung des Brasilianischen Grenzflusses Quaraim bildet er die Gränze zwischen Brasilien und der Argentinischen Conföderation, und von da ab bis zu seiner Mündung die

---

destinées futures du Rio de la Plata! L'intérieur à l'ouest de la Pampa, se va mourant de mort lente; trop éloigné, beaucoup trop éloigné des rivières et de la côte, dont le commerce européen enrichit les villes existantes, et où il en créerait de nouvelles en peuplant le désert et développant la civilisation."

Man wird hiernach die Anstrengungen Brasiliens, die Insel Martin Garcia unter seinen Einfluss, womöglich in seinen Besitz zu bekommen, würdigen können. Einmal würde es die Plata-Staaten, die es fortdauernd in Anarchie zu erhalten wissen würde, aushungern können, und zweitens ein so ausgedehntes Littorale gewinnen, dass alle Maassnahmen der civilisirten Welt gegen den brasil. Schmuggelhandel mit Sklaven unzulänglich sein würden.

*) In der Times vom 5. Juli 1853.

Gränze zwischen der letztern und der Republik Banda oriental del Uruguay.

Die wasserreichsten Nebenflüsse strömen ihm von Osten her zu, unter denen die grössern insgesammt schiffbar sind, und fruchtbare, herrliche Landschaften bewässern, in welchen mehr als 30 Millionen Menschen eine glückliche Existenz finden könnten, die jetzt aber noch beinahe völlig verödet daliegen, weil Brasilien thatsächlich die freie Einwanderung fern zu halten sucht. Vor allen sind unter den Nebenflüssen des linken Ufers der Rio negro und der Ibicuhy oder Santa Maria zu nennen. Besonders wird der Rio negro in nicht zu ferner Zukunft eine grosse Bedeutung erlangen, wenn erst der europäische Auswandererstrom seine Richtung nach dem La Plata gewonnen hat.*) Auf der rechten Seite ist der bedeutendste Nebenfluss der Rio Gualeguaychú, welcher an seiner Mündung einen vortrefflichen Hafen bildet, der schon heute für den Verkehr mit Entre-Rios wichtig ist.

Es unterliegt keinem Zweifel, dass der Uruguay fast in seinem ganzen Laufe für grössere Fahrzeuge schiffbar ist; aber näher untersucht ist er nur in seinem Unterlaufe. Man weiss, dass er in der Strecke zwischen 31° und 31° 23′ S. Br. von zwei Felsbänken durchzogen wird, welche, wenigstens bei niedrigem Wasserstande, die Schifffahrt unterbrechen. Nach Capitain Sulivans Karte hat das Fahrwasser des Uruguay, von Martin Garcia ab aufwärts bis zum 31° S. Br., von $3\frac{1}{2}$ bis zu 14 Faden Tiefe, es können also auch Seeschiffe von 14 bis 18 Fuss Tiefgang nach der Mündung des Rio negro und bis Gualeguaychú hinauf segeln. Nach Capitain Hotham's oben angezogenem Bericht würden Schiffe von 6 bis 14 Fuss Tiefgang diesen Strom 250 Seemeilen aufwärts bis zum ersten Wasserfall befahren können.

2) Der Paraná. Er wird durch die Vereinigung der mächtigen Ströme Rio grande und Paranahyba gebildet. Der

*) Siehe: Die Länder am Uruguay, von S. G. Kerst, Berlin 1851 und von Demselben: Die Länder im Stromgebiete des La Plata, Berlin 1852.

erstere entspringt (unter 22° S. Br.) in der Brasilianischen Provinz Minas geraes auf der Serra de Mantiqueira, nur 20 geogr. Meilen von der atlantischen Küste entfernt, durchströmt in westlicher Hauptrichtung ein ausgedehntes, überaus reiches Thal der Provinz Minas geraes und den südlichen, beinahe ganz menschenleeren Theil der brasilianischen Provinz Goyaz, und vereinigt sich nach einem Laufe von circa 150 geographischen Meilen, nachdem er eine grosse Zahl kleinerer und grösserer Nebenflüsse, unter denen der Sapucahy und Pardo als die ansehnlichsten zu nennen sind, aufgenommen, auf der Gränze von Mattogrosso mit dem fast nicht minder bedeutenden Paranahybastrom. Dieser letztere hat seine Quellen in der Provinz Goyaz auf der Serra da Matta da Corda (18° S. Br.), nimmt zuerst einen westsüdwestlichen Lauf, dann, nachdem er den von Norden kommenden ansehnlichen Curumba aufgenommen, einen mehr südlichen Lauf auf der Gränze zwischen Goyaz und Matto grosso, und mischt seine Wassermasse unter 20° 22′ S. Br. mit dem Rio grande. Von dieser Vereinigung ab nimmt der majestätische Strom den Namen Paraná an, den er bis zu seiner Einmündung in den Plata beibehält. Nach einem Laufe von mehr als 180 geographischen Meilen durch ziemlich unbekannte Wildnisse Brasiliens und die Gränze zwischen Paraguay und Brasilien, und Paraguay und der Argentinischen Conföderation bildend, nimmt er den gewaltigen Paraguaystrom auf, und von hier ab mehr einem Meerarme denn einem Strome gleichend, wendet er sich in südlicher Richtung dem noch 130 geographische Meilen entfernten Plata zu, allein der Argentinischen Conföderation angehörend. Nur auf dieser letztern Strecke ist er näher bekannt; aber selbst auf dieser, wo er die Hauptader des innern Verkehrs bildet, hat sich in den dreihundert Jahren seit der Eroberung in seinem Ansehen wenig geändert. „Es ist immer dieselbe Wassermasse, die sich ihr Bett gräbt bis zu Tiefen, die häufig das Senkblei kaum zu erreichen vermag, bald einen Spiegel bildend, auf welchem sich das Auge vergebens abmüht, die Ufer zu schauen, bald ihre Wogen in Engen aufthürmend, wo sie sich zwischen Inseln, die sich dem Lauf entgegenstellen, einen Weg bahnen muss. Zuweilen bespült der Strom seine Uferränder, die er auch wohl überfluthet und man glaubt sich dann in einem See zu befinden, bald stürzt er an dem Fusse eines steilen Ufers (baranca) hin, dessen Rand hundert Fuss seinen Spiegel überragt und scheint in einen Abgrund zu fliehen.“ *) Dies ist der Paraná von der Einmündung des Paraguay bis zum Rio de la Plata, in welchem er sich verliert. Dass er auch in seinem obern Laufe, welcher zum Theil Brasilien allein, zum Theil Brasilien und Paraguay, und der Argentinischen Conföderation und Paraguay gemeinschaftlich angehört, ebenso wie seine mächtigen, heute noch blos menschenleere Wildnisse, welche die Natur mit grossem Luxus ausgestattet hat, durchströmenden Nebenflüsse, für grössere Fahrzeuge schiffbar ist, kann nicht bezweifelt werden. Man weiss indess, dass sieben Wasserfälle (zwischen 23½° und 25° S. Br.), in welchem sich die gewaltige Wassermasse auf einer Strecke von 25 Leguas von Abgrund zu Abgrund hinabstürzt, die Schifffahrt unterbrechen.

Von der Beschaffenheit des Fahrwassers des untern Laufes des Paraná, der für jetzt auch nur von grösserer Wichtigkeit ist, haben wir erst eine genauere Kenntniss erlangt, seit im vorigen Jahre (1852) britische und französische Dampfschiffe den Paraná und Paraguay bis Asuncion hinaufstiegen. Das englische Dampfschiff hatte 10 Fuss Tiefgang und machte die Reise ohne Schwierigkeit; inzwischen hat sich bei dieser Fahrt gezeigt, dass weniger tief gehende Schiffe die Reise schneller machen können, indem sie nicht genöthigt sind, das tiefere Fahrwasser zu halten, wo die Strömung meist sehr stark ist. Ueberdies giebt es zwischen den Städten Santa Fé und Bajada de Paraná zwei seichte Stellen im Fahrwasser, über welche Schiffe, die mehr als 10 Fuss Tiefgang haben, bei dem niedrigsten Wasserstande nur mit Schwierigkeit fortkommen, und 160 Miles weiter aufwärts findet sich eine noch schlimmere seichte Stelle, der Pass von S. Juan genannt, woselbst beim niedrigsten Wasserstande nur Schiffe von 7½

*) Capitain Th. Page, Le Paraguay, Paris 1851.

Fuss Tiefgang fortkommen. Während sechs Monaten im Jahr (December bis Juni) hat der Strom Hochwasser, während den übrigen sechs Monaten einen niedrigen Wasserstand. Bei hohem Wasserstande wächst die Tiefe des Stromes an den Stellen, wo sein Bett schmäler ist, um 8 Fuss, da wo dasselbe breiter ist, oder wo er über seine Ufer tritt, um 3 Fuss. Während des hohen Wasserstandes würden also auch Schiffe von mehr als 10 Fuss Tiefgang über die vorhin genannten seichten Stellen kommen. Die Strömung ändert sich je nach der Jahreszeit von 2 bis 4 miles die Stunde, so dass also Segelschiffe eines sehr kräftigen Windes bedürfen, um sie zu überwinden. Auch für die Windströmungen scheint der Strom der natürliche Kanal zu sein, denn sie wehen hauptsächlich nur den Strom auf- oder abwärts, und zwar ist zu rechnen, dass auf zwei Tage Nordwind, ein Tag Südwind kömmt. Hieraus ergiebt sich, dass die Bergfahrt für Seegelschiffe langwierig wird, und man rechnet in der That durchschnittlich 70 Tage, um von Buenos Ayres nach Asuncion del Paraguay zu gelangen; was eine länger dauernde Fahrt ist, als von Europa nach Buenos Ayres. Dampfschiffe von 8 Fuss Tiefgang gelangen dagegen, wie die Erfahrung lehrt, von Buenos Ayres in 8 Tagen nach Asuncion und machen diesen Weg in 5 Tagen zurück.

Der erwähnten Umstände wegen werden Seeschiffe in der Regel nicht über Rosario hinaus den Strom hinaufsegeln und bis zu diesem, für den Verkehr vortrefflich gelegenen, Orte (35 geogr. Meilen von der Insel Martin Garcia entfernt) finden Schiffe von 14—16 Fuss Tiefgang ein schönes Fahrwasser. Waaren, die von Europa kommend, für das Plata-Binnenland bestimmt sind, werden demnach mit Vortheil in Montevideo, Buenos Ayres, Gualeguaychu, St. Nicolas und Rosario ausgeladen und von dort auf Dampfschiffen weiter ins Innere befördert.

Unter den Nebenflüssen des Untern-Paraná sind zu nennen: auf der rechten Seite der Salado, welcher in der Cordillera Valles (Provinz Salta) entspringt, das Gran-Chaco durchströmt und bei Santa-Fé in den Paraná mündet; auf der linken Seite der Corrientes, Conchitas (bei Bajada) und der Gualeguay, welche in das Innere der reichen Provinzen Corrientes und Entre-Rios führen.

3. Der Paraguay. Die Quellen dieses Stromes liegen in dem reichen Diamantendistrict der Brasilianischen Provinz Mattogrosso, etwa in 14° S. Br. In dem genannten reichen Becken haben eine Menge Nebenflüsse ihren Ursprung, z. B. der Preto, Vermelho, Seputuba *), Cabacal etc., durch deren Aufnahme der Paraguay sehr schnell zu einem ansehnlichen schiffbaren Strome anwächst. Nachdem er in 16° 25′ sich mit dem ansehnlichen Jaurú **) vereinigt hat, tritt er in eine

*) Wie leicht in diesen Gegenden eine Wasserverbindung zwischen dem Amazonen- und Platagebiet herzustellen sein würde, lehrt auch die folgende Notiz, die wir einem brasilianischen Journal entlehnen: „Es war in dieser Gegend (bei den Quellen des Seputuba), wo der alte und kühne Sergent João de Souza einen natürlichen Tunnel — der Sumudouro genannt, weil er sein Wasser eine Viertel Legua durch einen Berg sendet — vorfand, der sein Wasser dem Amazon zuführt. Nachdem jener Sergent von Cuyabá (1746) auf dem Flusse gleichen Namens bis zum Paraguay herabgefahren war, stieg er den letzteren hinauf, fuhr in den Seputuba und befuhr denselben bis zu seiner Quelle. Oeffnete sich dann vermittelst des Messers einen Weg durch den Urwald auf der Entfernung von 3 Leguas, wohin er seine Kähne brachte, die er auf den Sumidouro warf und bis dahin befuhr, wo derselbe in der Erde verschwindet. Nachdem er sich hier ausgeschifft, überliess er die Kähne der Strömung, er selbst aber begab sich über die Serra zu Fuss, und als er an den Ort gelangte, wo er (der Sumidouro) wieder zum Vorschein kam, hatte er das Glück zu sehen, wie seine Kähne, ohne Schaden zu nehmen, angelangt waren."

Der Berichterstatter erwähnt bei dieser Gelegenheit ferner: João de Souza habe sich auf dem Sumidouro wieder eingeschifft, sei den Arinos hinabgefahren und so in den Amazonas und nach Pará gelangt, „woselbst er wegen seiner Entdeckungen ins Gefängniss geworfen wurde; denn es war Politik Portugals, und ist es später die Brasiliens gewesen, ebenso ausschliesslich zu sein, als Japan, in Betreff dieser grossen Flussbecken und der Schätze, die sie enthalten." (Correio Mercantil v. 10. October 1853.)

**) Es ist schon oben erwähnt, dass sich mittelst des Jaurú eine Kanalverbindung zwischen dem Paraguay und Madeira herstellen liesse. Die geeignetste Stelle würde dort sein, wo sich der Aguapahy (Negewaltige Ebene, die er zur Regenzeit ganz überschwemmt, weil sein Bett sich unter 18° 33′ dergestalt verengt, dass an dieser Stelle der Strom nur 100 Varas*) Breite bei 10 Varas Tiefe hat. Von diesem Punkte ab begleiten ihn in seinem südlichen Laufe links die Ebene, rechts die S. Fernando-Berge bis 19° 30′. In 19° 48′ findet sich wieder eine Verengerung des Flussbettes, der Estrecho de S. Francisco Javier und unter 21° 17′ eine dritte Verengung, erzeugt durch die Berge Tres Hermanos. Von hier ab senkt sich das rechte Ufer in die Ebene des Gran Chaco. Zwischen Ufern, die alle Reize einer tropischen Vegetation zeigen, wälzt nun der gewaltige Strom seine klaren Wassermassen immer weiter nach Süden, bis er dieselben (unter 27° 15′) bei Corrientes, nach einem Laufe von mehr als 200 geographischen Meilen, mit den trüben Wogen des Paraná mischt.

Dass der Paraguaystrom von seiner Mündung bis zum Jaurú für Schiffe von 8 — 10 Fuss Tiefgang ohne alle Hindernisse in allen Jahreszeiten befahrbar ist, darf nicht bezweifelt werden. Schon die ersten Eroberer haben in Brigantinen ihn aufgesegelt, genauer untersucht haben ihn Don Manuel Flores 1756, bei Gelegenheit der Grenzbestimmung,**) D. Felix Azara 1792, welcher in seiner Correspondenz den Strom „den

---

benfluss des Jaurú), dem Alegre (Nebenfluss des Guaporé) auf 5300 Toisen nähern, ohne eine wirkliche Landerhebung zwischen sich zu haben. Der Gouverneur Luis Pinto de Souza liess in dieser Gegend 1772 ein Frachtschiff mit 6 Ruder per Bord passiren.

*) Die Spanische Vara ist = 0,8355 Meter = 2 Fuss 8 Zoll rheinl.

**) Leider scheint die Karte, welche D. Manuel Flores vom Paraguay entworfen hatte, verloren, oder im Staube der Archive irgendwo vergraben zu sein; wir kennen von seiner Beschreibung leider nichts als einen Brief, den er über seine Expedition an den Vicekönig von Buenos Ayres geschrieben, und den Pedro de Angelis in seinen Colecciones de documentos Vol. IV. mittheilt; allerdings ein sehr werthvolles Aktenstück, und um so werthvoller, da es heute noch die beste und genaueste Beschreibung des Stromes ist, die es giebt. Wir haben es im Vorstehenden benutzt und werden im Folgenden noch davon Gebrauch machen.

sbhönsten der Welt für die Schifffahrt" nennt, und „der uns ohne alle Hindernisse bis in den Mittelpunkt der Portugiesischen Minen führt."*) In der allerneuesten Zeit sind Seeschiffe und Dampfschiffe bis nach Asuncion gelangt, und einstimmig ist die Bewunderung des gewaltigen Stromes, welcher ruhig und langsam seine grossen Wassermassen wälzt dessen Tiefe überall sehr gross, ohne Klippen, ohne Strudel und dessen Breite dreimal grösser als die der Seine bei Neuilly ist.**)

Unter seinen Nebenflüssen sind ausser den oben schon ge nannten zu erwähnen:

Auf der linken Seite:

a) Der Cuyabá, welcher mindestens von der Stadt gleichen Namens an, für grössere Fahrzeuge schiffbar ist.

b) Der gewaltige Taquari, welcher durch drei Mündungen sich in den Paraguay ergiesst, und in Verbindung mit dem vorigen und dem Paraguay, in der Regenzeit, Februar und März, die weite Ebene überschwemmt, die sich von der Mündung des Jaurú bis zu der des Taquary und von den San Fernando-Bergen östlich 30—40 Meilen in die Provinz Matto grosso ausdehnt, wo alsdann dieses gewaltige Becken sich als ein unermesslicher See darstellt, aus welchem hin und wieder Hügel und Baumgruppen als Inseln hervorragen.

Dieses Becken, welches übrigens den Rest des Jahres hindurch eine fruchtbare Prairie ist, wird auf den Karten gewöhnlich als Laguna de Xarayes bezeichnet.

c) Der gleichfalls schiffbare Mbotely, dessen Quellen in der Nähe der Quellen solcher Flüsse liegen, welche sich ostwärts in den Paraná ergiessen. Es würde die Untersuchung verlohnen, ob hier eine Kanalverbindung zwischen dem Paraguay und obern Paraná herzustellen sei, indem durch denselben eine bequeme Wasserver-

*) Pedro de Angelis Colecciones.

**) Th. Page Le Paraguay pag. 9.

bindung, mit Umgehung der oben beim Paraná erwähnten Wasserfälle, für den westlichen Theil der Provinzen S. Paulo und die südlichen Theile der Provinzen Minas geraes und Goyaz hergestellt würde;

d) eine grosse Anzahl kleinerer Flüsse, welche aus dem Innern der Republik Paraguay kommen und von denen die Mehrzahl, wenigstens für kleinere Fahrzeuge, schiffbar ist; der wichtigste unter diesen ist der Tibicuary im Süden, welcher die angebautesten Gegenden der Republik Paraguay durchströmt, bis Villa Rica schiffbar ist, und 10 Leguas oberhalb Pilar de Nembuco ausmündet.

Auf der rechten Seite:

a) die Ausflüsse einer Menge grösserer und kleinerer Seen, welche zwischen den San Fernando-Bergen liegen, und deren später ausführlicher gedacht werden soll.

b) Der Otuquis, der seine Mündung am südlichen Ende der oben genannten Bergkette, etwa unterm 20° S. Br. hat, und aus den wasserreichen Zuflüssen Tucubaca und S. Rafael gebildet wird. Kurz vor seiner Mündung nimmt er noch den wenig bekannten Latiriquiqui auf. Die grosse Wichtigkeit des Otuquis-Gebietes für den Verkehr Boliviens verdient einer ausführlichen Betrachtung, und wir werden ihm daher einen grösseren Raum widmen.

c) Der Pilcomayo oder Pilco-Mayo (Sperlingsfluss) hat seine Quellen nordwestlich von Potosi unter 19° S. Br., geht ein wenig südlich von Chuquisaca, biegt dann nach S. O. und vereinigt sich unter dem 21. Breitengrad mit dem Rio Pilaya oder Tupiza. Durchbricht in seinem weitern Laufe die Cordillera von Abarenda und stürzt in einem Wasserfall von 20 Fuss Höhe bei Guarapetendi in die wellenförmige Fläche des Gran Chaco. Sein sehr geschlängelter Lauf hält die südöstliche Hauptrichtung bei, und er mündet, nachdem er nach und nach die wenig bekannten Flüsse: Sepepe, Salado, Santa Rosa, Tabas, Yoyivida aufgenommen, in zwei Armen in den Paraguay, von denen der nördliche, grössere, Araguay oder Araquai genannt, 10 Leguas unterhalb Asuncion del Paraguay, der südlichere, Confuso, welcher sich nochmals theilt, 9 Leguas weiter, seine Mündung hat.

Es sind, namentlich auch in der neuesten Zeit, mannigfache Versuche gemacht worden, diesen Strom zu befahren, inzwischen alle diese Versuche sind missglückt. Seine Strömung ist, so weit er untersucht ist, überall sehr stark, es finden sich sehr viele seichte Stellen in seinem Bett, auf denen in der trockenen Jahreszeit der Wasserstand nur wenige Zolle beträgt, hat Stromschnellen, sein Bett bildet häufige Veränderungen. Dieser Hindernisse wegen wird er noch lange für den Verkehr von geringem Vortheile sein.

d) Der Bermejo. Er hat seine zahlreichen Quellflüsse in den Bergen von Tarija. Nachdem er diese Stadt verlassen, empfängt er die Flüsse Narvaez oder Salinas, Itau, S. Jacintho u. a. und nimmt auf Argentinischem Gebiete den Pescado und den Rio Cento (in der Nähe von Oran 22° 45′ Br.) auf. Bis hierher hindern Klippen mannigfach seine Beschiffung; von Cento ab aber wird er schiffbar. Sechszehn Leguas von Oran, 50 Leguas von Jujui und etwa in demselben Abstande von Tarija, an dem Orte, den man Juntas de S. Francisco nennt, verbindet er sich mit dem, für kleine Fahrzeuge eine Strecke aufwärts schiffbaren, Rio grande de Jujui, welcher vorher sich durch eine Menge kleinerer. Flüsse verstärkt hat. Bald nach seiner Vereinigung tritt der Bermejo in das Hügelland des Gran Chaco und kann schon auf dieser Strecke Fahrzeuge von 4 bis 500 Tons tragen. In seinem weitern Laufe bleibt er ziemlich dem Pilcomayo pararallel, mit Ausnahme eines grossen Bogens, den er gegen Norden macht — die Esquina grande genannt. Im Gran-Chaco erweitert sich sein Bett, und damit nimmt seine Tiefe ab. Er hat zwei Stellen, die in der trockenen Jahreszeit seine Beschiffung zu Berg hemmen. Die eine dieser Stellen befindet sich etwa eine oder zwei Tagereisen von der Mündung, und besteht, nach Soria's Angaben, in einer Thonbank von 7—8 Fuss Höhe, durch welche der Strom wie durch ein Mühlgerinne schiesst, die aber bei Hochwasser auch in der Bergfahrt zu überwinden sein dürfte. Die andere Stelle liegt einige Tagereisen abwärts von Juntas de S. Francisco und scheint grössere Schwierigkeiten darzubieten. Es ist eine Stromschnelle, fast ein Wasserfall zu nennen, der einen sehr heftigen Strudel bildet.

Alle bisherigen Versuchsreisen auf dem Bermejo sind thalwärts ausgeführt worden, und in Fahrzeugen, die nur wenige Zoll Tiefgang hatten; womit allerdings jeder Zweifel über seine Schiffbarkeit gehoben ist, aber die Frage ist damit noch keineswegs gelöst, ob er bergwärts in der trockenen Jahreszeit, in seiner ganzen Strecke von der Mündung bis zu den Juntas de St. Francisco, oder auch nur bis zu dem eben gedachten obern Salto zu befahren ist. Ohne Zweifel ist er dies für Dampfschiffe, wie auch Weddel bemerkt,*) während des höchsten Wasserstandes, d. h. vier Monate des Jahres hindurch.

III.

Uruguay. Die Argentinische Conföderation. Das Gran Chaco.

Das Ländergebiet, welches die Zuflüsse des Rio de la Plata bewässern, ist, wie wir im vorigen Abschnitte gesehen haben, beinahe eben so gross als der Theil des südamerikanischen Kontinents, der zwischen dem 14. und 35. Breitengrade liegt, denn es sind von dieser Fläche nur die schmalen

*) François de Castelnau Histoire du Voyage T. VI. pag. 389.

Küstenstreifen abzuziehen, welche die Anden an der einen, das brasilianische Küstengebirge an der andern Seite abtrennen. Eine genauere Berechnung ergiebt für die Oberfläche des Plata-Stromgebiets in seiner grössten Beschränkung die Zahl von 71,700 geographischen □Meilen. Es ist demnach das zweite Stromgebiet der Erde, circa 18,000 geographische □Meilen kleiner, als das Amazonen-, und um eben so viel grösser, als das Mississippi-Gebiet, und verglichen mit der Quadratfläche anderer Stromgebiete, übertrifft es das des Nils $2\frac{1}{2}$, des Ganges $3\frac{1}{2}$, der Donau 5, des Rheins 18, der Elbe 26, der Loire 30 mal; an natürlichen Reichthümern des Bodens aber ist es unbestritten das erste der Welt. Seine Bedeutung steigert sich noch, wenn wir die Lage und Richtung der Ströme in Betracht ziehen. Das Plata-Stromgebiet ist das einzige der Erde, welches gleichmässig der heissen und der gemässigten Zone angehört, und den Austausch aller der unendlich verschiedenen Produkte dieser Zonen, mit Anwendung des Dampfes auf seinen Strömen, in sehr wenigen Tagen gestattet, es ist das einzige der grossen Stromgebiete, das den Lauf seiner Gewässer vom Aequator abgekehrt nach Süden gerichtet hat. Die Jahreszeiten, welche den Ackerbau regeln, sind dort denen unserer Erdhälfte entgegengesetzt; der Landmann am Plata säet, wenn wir ärnten, und umgekehrt. Hat man wohl je die Bedeutung gehörig erwogen, welche die allweise Vorsehung in diese Anordnung für das Wohl und die Erhaltung des menschlichen Geschlechts gelegt hat?

Man denke sich das Plata-Gebiet mit einer betriebsamen Bevölkerung besetzt, welche dem reichen Boden, im Süden und Norden desselben, alle Produkte der gemässigten wie der heissen Zone abgewinnt, wie es von den Culturvölkern der nördlichen Erdhälfte, hier aber räumlich weit auseinander liegend, geschieht, wie leicht werden die Aerndten am Plata, die wenigstens zum guten Theil in unsern Frühling fallen, im Stande sein, Mangel und Noth abzuhelfen, von denen die nördliche Erdhälfte in Jahren des Misswachses betroffen wird! Der Dampf, welcher in der grossen Schifffahrt immer mehr zur Anwendung kommt, bald allgemein angewendet werden dürfte, rückt die Mündung des Rio de la Plata den atlantischen europäischen Seehäfen ziemlich eben so nahe, als wie jetzt Odessa und die Seehäfen der Donau zu ihnen stehen; aber wie unendlich mannigfaltiger sind die Produkte, welche die Schiffe in den Plata-Häfen werden einnehmen können!

Allerdings wird das Platagebiet erst in der Zukunft das Vollgewicht seiner Bedeutung entwickeln, aber diese Zukunft ist, wie die Entwickelung Nord-Amerikas gelehrt hat, eine sehr nahe, und ihr Herannahen kann unendlich beschleunigt werden, wenn die gegenwärtigen Zeitverhältnisse und Umstände verständig benutzt werden. Nichts fehlt dem Plata-Gebiet als arbeitslustige Menschen und dass sich ihm die grosse Spekulation zuwendet, die nirgend in der Welt ein reicheres Aerndtefeld finden kann. Wenn man hin und wieder erwartet hat, dass mit der Oeffnung des Paranà für den freien Verkehr sofort ein gewaltiger Absatz europäischer Waaren eintreten würde, so war das eine Täuschung der sonderbarsten Art, die nur zu deutlich verräth, wie wenig in Europa das Land und die Wirkungen der Barbaren-Regierung, welche auf demselben ein Menschenalter gelastet, gekannt waren. Noch befremdlicher aber sind die Urtheile Derjenigen, welche von der Zuvorkommenheit oder der Scheinmacht des früheren Chefs dieser Regierung bestochen, sich die Mühe gegeben haben, in Europa den Glauben zu verbreiten, dass überhaupt ein grösserer Aufschwung des Verkehrs, als wie er unter Rosas Schreckensherrschaft gekannt und in Buenos Ayres concentrirt war, gar nicht möglich sei. Auch ein solcher Köhlerglaube hat hin und wieder Eingang gefunden. Wir sind daher genöthigt, einen Blick auf die gegenwärtigen Verhältnisse jener Länder zu werfen, um ein unbefangenes Urtheil über die Aussichten, die sie für Gegenwart und Zukunft bieten, zu gewinnen.

Die Republik Banda oriental del Uruguay.

Diese Republik ist für amerikanische Verhältnisse ein sehr kleiner, aber durch seine Lage an der Mündung des Rio de la Plata sehr wichtiger Staat. Auf seiner Oberfläche von mindestens 4000 geogr. □Meilen zählt man kaum 100,000 Einwohner*), von denen mehr als zwei Drittel in den Städten: Montevideo, Maldonado, Colonia, Paysandú und den wenigen kleinen Flecken des Innern zusammengedrängt leben. Der Boden dieses Staates ist durchweg ein ausgezeichnet fruchtbarer, den wasserreiche Ströme, wie der Rio Negro, Dayman, Arapahy, Quaraim, Jaguaron, Tacuary, Cebollaty, Santa Luzia und unzählige kleinere Flüsse bewässern. Der mächtige Rio negro, an dessen Mündung ein vortrefflicher Seehafen gegründet werden könnte, mit seinen gleichfalls schiffbaren Nebenflüssen Yaceguá, Tacuarembó und Gy auf der West-Seite, und der Cebollati mit dem Ulimar grande und Pardo auf der Ost-Seite sind vortrefflich geeignet, den Verkehr durch das ganze Innere des Landes zu vermitteln. Bis heute zeigt sich auch noch nicht eine Spur einer solchen Benutzung, denn der fette Boden, den diese Flüsse bewässern, harrt der Bebauer.

Das Klima gehört zu den gepriesensten der Erde. Alle europäischen Getreidearten, Früchte und Gemüse, überdies: Mais, Baumwolle, Reiss etc. gedeihen in demselben, aber noch hat kein Pflug in dem ganzen Gebiet die narbige Grassfläche geritzt, auf welcher sich bisher nur grosse Heerden von Rindvieh und Pferden tummeln, welche die Hauptausfuhrartikel des Landes liefern. Die herrliche Abwechselung von grassreichen Cochilhas, Serras und Thälern machen das Land vorzüglich geeignet für die Schaafzucht. Die Thiere finden Sommer und Winter hinlängliche Nahrung im Freien, die Mühe des Heuerndtens fällt fort.

Dass der Boden nicht arm an geschätzten Mineralien ist, ist längst erwiesen, ernste Nachforschungen haben aber bis jetzt nicht stattgefunden. Bei Minas, 11 Leguas nördlich von Maldonado, findet man Gold im Arroyo de S. Francisco; Gold und Silber am Tacuarembó, Kupfer am Abhange der Serra von Montevideo, in der Quinta des Manuel Herera y Obes und bei Minas, Antimon bei Solis im Departement Mi-

*) Die neueste dem Verfasser zugegangene Statistik giebt 131,969 Einwohner.

nas, Blei bei Minas; Eisen in der Serra von Montevideo; Zinnober bei Minas, Schwefel im Departement Colonia, Steinkohlen bei Minas, Kalksteine bei Montevideo und Minas.

Der Werth der bisherigen Einfuhr beträgt jährlich im Durchschnitt 14 Millionen, der der Ausfuhr 12 Millionen Preuss. Thaler. Der Schleichhandel, der sehr bedeutend ist, vermehrt die angegebene Einfuhr um mindestens 25 Procent, oder zwischen 3 bis 4 Millionen Thaler.

Wahrlich ein Staat von circa 100,000 Einwohnern, der bis jetzt ohne Ackerbau, Bergbau und ohne alle Industrie, lediglich durch die Häute, Hörner, Haare, Talg und Fleisch der wilden Heerden, die seine reichen Fluren bevölkern, eine Handelsbewegung von diesem Umfange bietet, ist wohl werth, in Europa, namentlich in Deutschland, eine grössere Beachtung als bisher zu finden. Zu welcher Bedeutung würde er aufsteigen, wenn sein Gebiet, auf welchem mehr als 15 Millionen Menschen behaglich leben könnten, durch europäische Einwanderung auch vor erst von einer, oder auch nur von einer halben Million betriebsamer Menschen bevölkert wäre! Eine solche Zahl würde mehr als hinreichend sein, diesen Staat in Wahrheit unabhängig zu machen, und ihn für immer dem Einflusse der auf seine Zerstörung gerichteten Politik des Cabinets von Rio de Janeiro zu entziehen.

Dieselbe Politik, welche die eigenen, vom Mittelpunkt der Macht entfernten Provinzen, zumal die Gränz-Provinzen Rio grande do Sul, Pará und Mattagrosso, durch Hemmung ihrer Entwickelung in Abhängigkeit und Unterwürfigkeit von Rio de Janeiro zu erhalten sucht, ist noch weit sorgsamer bemüht, das Aufkommen eines Nachbarstaates, welcher in der Bevölkerung der herabgekommenen oder zurückbleibenden Provinzen gefährliche Vergleichungen anregen könnte, zu verhindern, und vor allen sind es die Plata-Staaten, und unter diesen wieder vorzugsweise Uruguay, welche sich diese Politik zu ihrem Opfer ausersehen hat.

Von jeher hat sich die Regierung Brasiliens viel Mühe gegeben, die Banda oriental und die Insel Martin Garcia in ihre Hände zu bekommen, ein Besitz, der das ganze Platagebiet seiner Herrschaft unterwerfen würde, das dann in sehr kurzer Zeit eine Wüstenei darstellen würde, wie das Amazonen-Gebiet, das östliche Peru, Ecuador etc. Es würde hier zu weit führen, wollten wir diese auf die Fernhaltung einer grössern europäischen Einwanderung und gegen die Civilisation gerichtete Politik Brasiliens an den zahlreichen vorliegenden Thatsachen umständlicher nachweisen. Es genügt, an Folgendes zu erinnern.

Während des Unabhängigkeitskampfes der Spanischen Kolonien benutzte Brasilien die eingetretene Schwäche der Regierung in Buenos Ayres und den Abscheu, den das barbarische Gaucho-Regiment des Artigas in der Banda oriental bei dem gebildetern Theile der Bevölkerung erweckte, um sich der letztern zu bemächtigen, und sie zu einer Provinz Brasiliens zu machen. Die Einwohner trugen das neue Joch mit um so grösserem Widerwillen, als es bald dem Blödsichtigsten klar wurde, dass nicht die Förderung der Interessen des Landes, sondern die Unterdrückung desselben das Ziel der Brasilianischen Verwaltung war. Der Aufstand brach aus, und unterstützt von der Argentinischen Conföderation ward das Land rasch befreit und der Krieg bald auf Brasilianisches Gebiet, in die Provinz Rio grande, welche dadurch ausserordentlich litt, gespielt. In dem für Brasilien wenig ehrenvollen Frieden vom 27. August 1828 erkannte es die Unabhängigkeit des neuen Staates Banda oriental an. — Wunderbar schnell entwickelte sich der Wohlstand der neuen Republik. Die Hauptstadt Montevideo verdoppelte in einem Jahrzehent die Zahl ihrer Häuser und Einwohner, und der Werth ihrer Einfuhr vervierfachte sich in Folge der beginnenden Einwanderung. Das Kabinet in Rio sah diese Fortschritte mit um so grösserer Beunruhigung als derselbe von der Provinz Rio grande nicht unbeachtet bleiben konnte, welche durch die chinesiche Absperrung gegen eine grössere freie Einwanderung in demselben Zeitraume kaum den Wohlstand wieder erlangen konnte, den sie vor der Schilderhebung in der Banda oriental besessen. Es erklärt sich hieraus die eigenthümliche Wechselwirkung zwischen der Republik Uruguay und der Provinz Rio grande, die sich in der Erscheinung kund giebt, dass in der letztern sofort Symptome einer politischen Gährung sich zeigen, wenn in Uruguay Frieden und Ruhe herrscht, und umgekehrt, die politische Gährung in Rio grande scheinbar verschwindet, wenn in der Nachbar-Republik grössere Unordnungen Platz greifen. Völlig unfähig, durch Waffenmacht sich die Nachbar-Staaten zu unterwerfen, ja auch nur den ernsten Aufstand einer Provinz, wie Rio grande do Sul, zu verhindern und zu besiegen, versucht das Brasilianische Ministerium seitdem durch diplomatische Intriguen und Geld sein Ziel zu erreichen.

Aus dieser Politik ist die Sendung des Visconde de Abrantes (1844) nach Europa zu erklären, angeblich, um mit Preussen einen Handelsvertrag zu verhandeln, an dessen Abschluss Brasilien nicht entfernt dachte, in Wahrheit aber, wie die demselben mitgegebene Instruction vom 23. August 1844 naiv es ausdrückt, um mit den Ministern Frankreichs und Englands in Beziehung zu treten, zu dem Zweck, wie es in der Instruction wörtlich heisst, um „vermittelst der mit denselben zu haltenden Conferenzen und allen Ihnen sonst zu Gebote stehenden Mitteln die Politik, welche jene Kabinette in Betreff der Plata-Angelegenheiten haben, kennen zu lernen, und Ihrer Regierung mitzutheilen, welche die Punkte sind, mit denen jene Regierungen einverstanden, und in welchen Punkten ihre Interessen von einander abweichen und sich durchkreuzen, und nach solchen Informationen den Schluss ziehen, welches die Vortheile sind, die das Kaiserliche Kabinet von jenen europäischen Regierungen hoffen darf, oder welche Inconvenienzen zu befürchten sind; welche Mittel anzuwenden wären, um die Esteren zu erreichen, und die Letztern zu verhindern.“ Es ist bekannt, dass diese Sendung den Lord Aberdeen und Herrn Guizot bestimmten, am La Plata im Interesse der Brasilianischen Politik mit Flotten, Truppen und Geld, ohne Kriegserklärung zu interveniren. Wir sagen im Interesse der Brasilianischen Politik, denn Brasilien erreichte damit, dass England und Frankreich durch diese lange dauernde Intervention, die keine Intervention genannt werden sollte, die erwünschten Unruhen am La Plata unterhielten, den Handel ihrer Länder, welcher den Wohlstand der Platastaaten förderte, selbst zerstörten, indirect, wegen der Furcht vor Unruhen, die von Brasilien so sehr gefürchtete Einwanderung von jenen Gegenden fernhielten, und bei den Einwohnern der Platastaaten Misstrauen und Erbitterung gegen die Fremden erregten.

Dergleichen Einleitungen zur Friedensstörung am La Plata traf Brasilien zu einer Zeit als sich die Provinz Rio grande in offenem Aufstande befand, den die Kaiserliche Regierung nicht zu bewältigen vermochte. Kurz zuvor hatte sie versucht den Dictator Rosas zu bewegen, mittelst Waffengewalt die legale Regierung in Montevideo zu stürzen. In dem in Rio de Janeiro deshalb am 24. März 1843 verabredeten, von Brasilien schon am 27. März ratificirten und publicirten, aber von Rosas verworfenen Vertrage, wird gesagt, dass „die Regierung des Frutuoso Rivero (in Montevideo) unverträglich ist mit der innern Ruhe der erwähnten Republik, sowie mit dem Frieden und der Sicherheit des Kaiserreichs und der Nachbarstaaten"*), und ferner, „dass eine Verlängerung seiner Herrschaft und damit die einer trügerischen treulosen (!!) Politik**) nicht zu dulden sei, und dass sich deshalb S. M. der Kaiser von Brasilien und die Regierung des Argentinischen Bundesstaates vereinigen gegen die (legale) Macht und Autorität, welche Frutuoso Rivera in der Republik Uruguay ausübt, so wie gegen die Rebellen der Provinz Rio grande de S. Pedro do Sul, sowie auch gegen die Anhänger des erwähnten Häuptlings und der erwähnten Rebellen."

---

*) Gewiss ein eigenthümliches Eingeständniss der Schwäche des grossen Kaiserreiches Brasilien der Regierung eines so kleinen Staates, als Uruguay, gegenüber!

**) Ein sonderbarer Vorwurf von Seiten einer Regierung die sich factisch über die Verbindlichkeit der Verträge, mit der grössten Leichtigkeit fortsetzt, sobald sie es glaubt wagen zu dürfen, wie z. B. der Vertrag von 1826 über Unterdrückung des Sklavenhandels, die Verträge von 1828 über die Grenze gegen Uruguay, die Verträge von 1750 und 1777 über die Grenze gegen Bolivia u. s. w.

Es ist bekannt, dass die Kaiserliche Regierung später (im October 1851), als Oribe in Uruguay eine fast unbestrittene Macht ausübte, es nicht verschmähte mit den Gegnern desselben, den „Anhängern des erwähnten Häuptlings" Frutuoso Rivera, die Verträge abzuschliessen 1) über Allianz und Subsidien; 2) Abtretung eines vertragswidrig von Brasilien usurpirten Landstriches zwischen dem Quaraim und Ibicuhy, grösser als manches deutsche Königreich, und Abtretung der wichtigsten Strommündungen am Lagoa merim*); 3) über Auslieferung von Sklaven die durch die Flucht nach Uruguay ihre Freiheit wieder zu erlangen suchen, deren man sie in Brasilien gegen Verträge und Gesetz beraubt hat.

Wie Brasilien den Subsidienvertrag gehalten hat, darüber belehrt besonders die Note des Uruguayanischen Geschäftsträgers Andres Lamas vom 4. September 1852. Brasilien hörte mit der für 4 Jahre stipulirten Zahlung auf kaum zwei Monate nachdem die neue Regierung für Uruguay instalirt war, aus keinem andern Grunde, als weil ihr diese Regierung nicht behagte.

Nachdem nämlich Oribe mit dem Argentinischen General, ohne Mitwirkung Brasiliens, eine Capitulation abgeschlossen, in Folge welcher er seine Waffen, ohne vorher von ihnen Gebrauch gemacht zu haben, niederlegte, schritt man in Uruguay zur Bildung einer neuen legalen Regierung. Bei der Wahl der Abgeordneten für den Congress begann Brasilien zuerst seinen „legitimen Einfluss", zu dem ihm die obengedachten „uneigennützigen" Verträge (nach Brasilianischer Auffassung) berechtigen sollen, auf die innern Angelegenheiten Uruguays durch militairische Einmischung bei den Wahlen auszuüben. Dessen ungeachtet kam doch ein Congress zu Stande der den Wünschen und Absichten der Brasilianischen

---

*) In dem Memorandum vom 9. November 1844, welches der Visconde de Abrantes dem Lord Aberdeen überreichte, heisst es: „Die Kaiserl. Regierung hält es für ihre Pflicht, eine Pflicht von der sie nicht absehen kann, die Unabhängigkeit und die **Integrität** des Staates Oriental del Uruguay aufrecht zu erhalten." Der im Text erwähnte Vertrag ist der Commentar dieser „Pflicht".

Regierung nicht entsprach, besonders insofern er in dem Vertrage über die neue Grenze Brasilianische Uneigennützigkeit nicht anerkennen wollte. Noch weniger fand sich das Brasilianische Kabinet durch die Verwaltung des neuen Präsidenten Giró befriedigt, dessen Bestrebungen zu sichtbar auf Versöhnung der Partheien und Herstellung der Ordnung gerichtet waren. Der Brasilianische Gesandte zeigte sich ausserordentlich thätig, die Schwierigkeiten der neuen Verwaltung durch zahllose meist sehr geringfügige Reclamationen zu vermehren; während die Kaiserliche Regierung gestattete, dass sich der General Frntuoso Rivera mit einer Anzahl Officiere von Rio de Janeiro nach Rio grande an die Grenze Uruguays begeben durfte; derselbe „Häuptling", dessen „trügerische und treulose Politik", wie das oben angeführte Actenstück sagt: „der Sicherheit des Kaiserreiches und der Nachbarstaaten" so gefährlich sein soll. Jedermann sagte in Rio grande aus dieser Thatsache voraus, dass es auf die Schürung neuer Unordnungen in Uruguay, mit Vorwissen Brasiliens, abgesehen sei. Wenige Monate darauf hat sich diese Voraussage in jeder Hinsicht bestätigt. Der Präsident Giró, der legale Chef der Uruguayanischen Regierung, ist auf der Flucht, und Frutuoso Rivera an der Spitze der neuen Verwaltung*). Ob sich diese neue Verwaltung ganz und gar dem „legitimen Einfluss" des Brasilianischen Kabinets ergeben wird, muss die Zeit lehren, wir unseres Theils zweifeln daran, weil wir an den männlichen Unabhängigkeitsgeist und den Patriotismus der tapfern Männer glauben, welche an der Spitze der neuen Regierung stehen, ein Glaube zu dem uns eigene aufmerksame Beobachtungen berechtigen**).

Das angemaasste Protectorat Brasiliens fällt aber sofort,

*) Nach Art. 5, 6, 7, 8 des Allianz-Vertrages ist Brasilien aufs allerstärkste und unzweideutigste verpflichtet den legal erwählten Präsidenten Giró während seiner vierjährigen Amtsdauer, mit Aufgebot der ganzen Brasilianischen Macht, in seiner Stellung zu erhalten. (!!)

**) Während des Druckes geht uns das Decret der neuen Regierung, vom 10. October 1853 zu, das alle Flüsse der Republik für die Schifffahrt aller Nationen frei erklärt.

wenn sich die Einwanderung Uruguay zuwendet, denn der Mangel an Einwohnern und an Industrieen, die verbindende Interessen unter denselben schaffen, ist allein die Ursache von Uruguays Schwäche. Die liberale Gesetzgebung und die unabweisslichen Bedürfnisse Uruguays bürgen dafür, dass jede Verwaltung der Einwanderung kräftigen Vorschub leisten werde, und der fleissige, friedliche Einwanderer hat von allen Regierungswechseln nichts zu fürchten, wie die Erfahrung sattsam gelehrt hat. Wer sich muthwillig in Händel mischt die ihm nichts angehen, hat hier, wie überall, die Folgen davon zu tragen.

Natürliche Grenzen aber für ein Land wie Brasilien sind nicht die Völker verbindenden Ströme, wie der La Plata, sondern unermessliche Urwälder, wie im Norden und Westen, also, für den Süden des Reichs, die Urwälder und Einöden am obern Uruguay, zwischen Rio grande do Sul und der neuen Provinz Paraná.

Die Argentinische Conföderation.

Die Conföderation reicht im Süden bis zu Cap Horn, thatsächlich aber so weit als die Tapferkeit der Patagonischen Ureinwohner sie zu ziehen gestattet, und das ist jetzt etwa der Parallel vom 40sten Grade. Im Westen trennen sie die Anden von Chili und Bolivia. Im Norden etwa in 22° Breite zieht die Grenze zwischen Bolivia und, in unbestimmter Richtung, durch das Gran-Chaco. Im Osten sind der Unterlauf des Paraguay, ein Theil des von Osten nach Westen gerichteten Mittellaufes des Paraná, der Uruguay, La Plata und das Meer die Grenzen.

Dieses Gebiet, 40 bis 50,000 geograph. Quadratmeilen gross, ist in 14 selbstständige Provinzen (eigentlich Staaten) getheilt, die staatsrechtlich einen Bundesstaat bilden, bis jetzt aber noch nicht dahin gelangt sind, eine Constitution für denselben zu besitzen, jedoch nunmehr die Hoffnung haben, eine solche durch die weise Mässigung des eben in Santa-Fé versammelten Congresses zu erlangen. — Auf diesem unermesslichen Gebiete leben ohngefähr nur 600,000 bis 800,000 Einwohner, genaue Angaben fehlen. Es ist also das Land so gut als menschenleer. Die Vertheilung dieser geringfügigen Bevölkerung hängt mit der Configuration des Bodens und den Wegen zusammen, welche die spanischen Eroberer nahmen.

Im Nordwesten und Westen, wo Andenzweige und Vorberge in das Gebiet hineinragen, malerische Thäler von wunderbarer Fruchtbarkeit bildend, drangen die Eroberer Peru's zuerst ein, von den aufgefundenen Reichthümern des Ynkareiches geblendet, dem immer südlicher weichenden Nebelbilde der Trapalanda oder Cäsarenstadt, deren Mauern von Silber, Dächer von Gold und Fenster von Edelgesteinen sein sollten, nachjagend, bis die Ernüchterung der Sinne sie das Paradies würdigen liess, in welches sie die Jagd auf fabelhafte Reichthümer geführt hatte. Allerdings zeigen die Anden-Berge auch hier Ueberfluss an den geschätztesten Erzen, aber es muss mühsam gewonnen werden, während eine milde Sonne dem fruchtbarsten Boden der Thäler Schätze von grösserem Werthe entlockt, deren Eroberung angenehmer und lohnender ist.

Hier liegen die von der Natur so reich gesegneten Provinzen Jujui, Salta, Tucuman, Santiago del Estero, von den Strömen Bermejo und Salado und deren Zuflüssen bewässert; Catamarca, Rioja, San Juan und Mendoza, längs den Anden hingestreckt, welche nur einen kurzen Theil des Jahres hindurch einige wenige höchst schwierige und gefahrvolle Saumpfade für den Verkehr nach Chili haben, sie sind also, wie die südliche Provinz San Luis, hauptsächlich auf die ebenen Landwege durch die Pampas nach dem Paraná angewiesen. Diese eigentlich noch zu schaffenden Strassen werden einst in der Provinz Cordova, welche im Herzen des Landes liegt, zusammenlaufen und dieser herrlichen Provinz, die an Erzen aller Art so reich ist und auch für den Ackerbau fette Fluren darbietet, eine weit höhere Bedeutung geben, als sie schon an und für sich hat, indem nach einem älteren Bericht der Tercero durch Canalisation leicht bis zum Paraná schiffbar gemacht werden kann.

Ungefähr um dieselbe Zeit, als jener Eroberungszug spanischer Abenteuerer nach der fabelhaften Trapalanda die Regionen südlich und westlich der Anden aufdeckte, und zur Gründung der Städte führte, von denen die genannten Provinzen ihren Namen haben, war ein anderer Haufe Abenteuerer von 2700 Mann aus Spanien an den Ufern des Rio de la Plata gelandet (1535), deren Phantasie durch die wenigen Silberstücke erhitzt worden war, welche Sebastian Cabot auf seiner Entdeckungsfahrt auf dem Paraná und Paraguay von den dortigen Einwohnern erworben hatte. Mit dem Entschlusse, das Reich des Silberkönigs aufzusuchen und zu erobern, stürmten sie den Paraná und Paraguay hinauf, weil sie aus den Andeutungen der Indianer glaubten entnehmen zu können, dass im Norden dieser fabelhafte König throne. Um einen Stützpunkt in dem vermeintlich bevorstehenden Kriege mit jenem mächtigen Herrscher zu haben, gründeten sie an der Stelle, wo heute Asuncion steht, ein Fort am Paraguay (1536). Von hier aus begann nun der Kriegszug den Paraguay aufwärts bis zu den Xarayes, und da ihnen hier die Lage des Reiches des Silberkönigs als westwärts liegend angegeben wurde, drangen sie in Chiquitos ein, bis sie auf einen anderen Abenteurerhaufen stiessen, der von Peru aus ostwärts auf Entdeckung von Reichthümern vorgedrungen war, und sie durch diese Begegnung belehrt wurden, dass der Thron des verfolgten Königs im erzreichen Innern der Peruanischen Anden errichtet sei. Nur 600 kehrten nach Asuncion zurück, die Uebrigen hatten Mühseligkeiten, Krankheiten und Hunger aufgerieben. Irala, den diese kleine übrig gebliebene Schaar zu ihrem Haupt erwählt hatte, war unleugbar ein Mann von grossem Verstande, den er in den Staatseinrichtungen, die er schuf, und in der Wahl Asuncions als künftigen Stapelort für den Peruanischen Handel unwidersprechlich bekundet hat. Seine Nachfolger, mit gleicher Einsicht begabt, gründeten Santa-Fé und Buenos-Ayres als Etappenorte für Asuncion, und von hier aus wurden allmälig die Pampas und das herrliche Gebiet zwischen dem Paraná und Uruguay, jetzt die Provinzen Entre-Rios und Corrientes, in

Besitz genommen. Diese unermesslichen Weideflächen lieferten zwar nicht edle Erze, aber wurden bald zu einer unerschöpflichen, ewig sich erneuernden Goldquelle durch die wilden und halbwilden Viehherden, welche sich rasch auf ihnen ausbreiteten.

Die Pampas bilden bekanntlich eine unermessliche Ebene, wo das Auge keinen Baum, keinen Strauch, keinen Stein gewahrt, und wo die von den Anden herabströmenden Flüsse wegen mangelnden Gefälles im Lande versiegen. Sie dehnen sich vom rechten Ufer des Paraná bis zu den Vorbergen der Anden, den Gebirgen von Cordova und Tucuman und von dem 40sten Breitengrade bis zum Salado und Gran Chaco aus, eine einzige unermessliche Viehweide! Ausser an dem Ufer des Paraná und Tercero, wird wahrscheinlich in Jahrhunderten der Pflug auf den Pampas nicht zur Anwendung kommen; es sei denn, dass die Speculation die Anlegung einer Eisenbahn nach den an so mannigfaltigen Producten reichen Provinzen des alten Cuyo (S. Juan, Mendoza und S. Luiz) profitabel findet, und diese neue Ortschaften und Farmwirthschaften erstehen lässt.

Von ganz anderer Beschaffenheit ist die gewaltige Halbinsel, die sich zwischen dem Paraná und Uruguay ausdehnt. Von Nordosten, der Brasilianischen Grenze, tritt ein noch sehr wenig gekanntes Gebirge in die Provinz Corrientes, das sich näher dem Uruguay haltend, die ganze Halbinsel durchzieht und im Süden sich in zwei Hügelreihen spaltet, welche das fruchtbare, reich bewässerte Thal des Gualeguay zu beiden Seiten begrenzen. Grosse Weideflächen wechseln mit Waldflächen, welche besonders gegen den Paraná hin von grösserem Umfange sind. Kein Land ist mehr geeignet, die europäische, besonders die deutsche Auswanderung anzuziehen*). Auf der ganzen über 4200 geogr. Quadratmeilen gros-

*) „Nous n'avons jamais pu jeter un coup d'oeil distrait sur la carte du Rio de la Plata, sans que nos yeux fussent irrésistiblement attirés par l'admirable disposition d'Entre Rios à devenir le pays le plus riche de l'univers. Nous le disons hautement la nature a crée là le

sen Halbinsel leben gegenwärtig kaum 120,000 Menschen, Viehhüten und ein wenig Handel sind bis jetzt fast ihre ausschliessliche Beschäftigung. Das Bedürfniss, dem Mangel an Menschen und Industrie durch Heranziehung einer Einwanderung in grösserem Maassstabe abzuhelfen, wird seit der Eröffnung der freien Schifffahrt immer mehr und mehr empfunden, und namentlich hat die Regierung von Corrientes bereits beachtenswerthe Schritte in dieser Hinsicht gethan, und es ist kein Zweifel, dass die Regierung von Entre-Rios sich beeilen wird, den übrigen Provinzen das Beispiel zu geben, auf welche Weise die Conföderation zu dauerndem und gesichertem Wohlstande, Ansehen und Macht gelangen kann.

Bei der grossen Ausdehnung von Süden nach Norden, und seiner Lage, hat das ausgedehnte Gebiet der Conföderation ein mannigfaltig wechselndes Klima, das aber durchweg als ein gesundes zu bezeichnen ist. In dem nördlichen Theil der Pampas und den Anden-Thälern der nördlichen Provinzen herrscht tropisches Klima, während auf den Gebirgen eine rauhe Luft weht, und die höchsten Gipfel ewiges Eis tragen, weiter gegen Süden, etwa vom 30° S. Br. ab, wird das Klima gemässigter und ist dem süditalienischen vergleichbar, weiterhin, in der Breite von Buenos-Ayres (35° S. Br.), sind im Winter Schneegestöber und dünnes Eis einige Tage hindurch nicht selten. — Von hier ab, weiter nach Süden wird das Klima rauher, bis es unter 40° Breite dem Deutschen Klima ziemlich ähnlich wird. In den südlichen Pampas, an der Küste

---

morceau de terre le plus privilégie. L'Egypte est étroite, la Hollande marécageuse, la France mal arrosée. Là tout le pays est traversé par une chaine de montagnes qui varient agréablement le paysage, et alimentent les fleuves en arrêtant les nuages. Au centre, entre deux collines, coule le Gualeguay, formé par quarante-huit ruisseaux qui à droite et à gauche divisent le bassin comme un système de canaux d'irrigation . . . . . . et tout cet admirable pays est embrassé, entouré de tous côtés par le Paranà et l'Uruguay qui le ferment. L'Entre Rios, le jour où il aura des lois intelligentes de navigation, sera le paradis terrestre, le centre de la puissance et de la richesse, la réunion la plus compacte de villes florissantes." (Sarmiento, Argyropolis pag. 83)

und in Entre-Rios ist die Luft sehr feucht aber doch gesund, Regen und Gewitter sind daher hier häufig und, obgleich selten, toben gewaltige Stürme — Pamperos. Im Westen dagegen ist die Luft trockener und in einigen Gegenden, auf den Ebenen, namentlich in den Provinzen Rioja und Catamarca, so trocken, dass sie todte thierische Körper in Mumien verwandelt *).

Diesen Klimaänderungen sind auch die Producte des Pflanzenreichs entsprechend. Im Norden gedeihen und werden angebaut: Zuckerrohr, Baumwolle, Maniok, Bataten, Oliven, Goldfrüchte, selbst Kaffee und Indigo; auch der Johannisbrotbaum, Mangaysy und die Agave finden sich. In den grossen Wäldern der Gebirge findet man eine Menge der geschätztesten Holzarten, sowohl für den täglichen Gebrauch als zu reichen Möbelarbeiten geeignet, desgleichen Farbehölzer. In den südlichen Gegenden, besonders im alten Cuyo, werden Reis, Taback, Mais, Weizen, Gerste, Gemüse, Hanf und Flachs angebaut und liefern fabelhafte Erträge, trotz der unglaublich mangelhaften Bearbeitung des Bodens. Geschätzt wird auch der Wein, besonders die Rosinen von Mendoza. Bei der grenzenlosen Vernachlässigung der Transportmittel konnten bis jetzt alle diese reichen Producte des Nordens und Westens nicht verwerthet werden. In den Pampas, in Entre-Rios und Corrientes weiden Millionen wilde und zahme Pferde und Rinder, die hauptsächlich nur wegen ihrer Häute Werth haben. An Butter- und Käsebereitung wird nicht gedacht, und grosse Quantitäten davon noch heute von Europa eingeführt. Der Schaafzucht hat man in der allerneuesten Zeit angefangen einige Aufmerksamkeit zuzuwenden, aber noch lange nicht in dem Maasse als sie es verdient. Für den Ackerbau, für wel-

*) Nach einer verlässlichen Privatmittheilung eines Freundes des Verf. und Augenzeugen soll auch an der Ostküste Patagoniens, um 45° S. Br., dieselbe Trockenheit der Luft bemerkt werden, was jedenfalls eine unerwartete Erscheinung ist. Desgleichen soll daselbst niemals Schnee fallen, während es allerdings auf den gegenüberliegenden Falklandsinseln ordentlich schneit und die Luft daselbst sehr feucht ist.

chen diese Gegenden so vorzüglich geeignet sind, und der so überaus lohnend sein würde, fehlt es an Menschen.

Dass die Einsicht in das, was dem Lande noth thut, bereits tiefe Wurzeln geschlagen, das lehrt überzeugend die hier schon öfter angezogene vortreffliche Schrift des Argentiners Domingo F. Sarmiento, und die Acte des in Santa Fé versammelten Congresses und der Bundes-Regierung geben den unwidersprechlichen Beweis in Händen, dass die Conföderation der Missregierung müde ist, welche so lange, von Buenos Ayres aus, das Land erniedrigt und in Elend erhalten hat*). In der That ist eine grössere Verwahrlosung nicht denkbar, als diejenige gewesen ist, welche das Gauchoregiment des Rosas über das schöne Land verbreitet hat. Es werden Jahre vergehen, und die energischsten Anstrengungen von der Centralregierung und den einzelnen Provinzialregierungen zu machen sein, um die Spuren dieser Verwaltung zu tilgen. Vor Allem wird es darauf ankommen, durch Herstellung von Ordnung und Befestigung der Autorität des Gesetzes, das Vertrauen der europäischen Kapitalisten, für die Beschaffung bequemer und wohlfeiler Transportmittel, in Culturbringung öder Strecken durch zahlreiche ueue Ansiedelungen u. s. w. zu gewinnen.

Seit dem Sturze des Dictators haben alle Provinzen, mit einziger Ausnahme der Provinz Buenos Ayres, sich einer seltenen Ruhe erfreut, und sehnen offenbar die neue Aera herbei, welche endlich mit der freien Schifffahrt auf den Strömen eintreten wird. Nur eine Parthei in der Stadt Buenos Ayres scheint den Einfluss nicht vergessen zu können, den sie so lange auf das Hinterland ausgeübt hat. Die Hauptstadt der alten Vicekönige hat zwar einst zuerst die Fahne der Republik entfaltet und sie siegreich im Westen und Norden über die Anden getragen, aber noch immer nicht sich von den Traditionen der monarchischen Herrschaft frei machen können. Genöthigt durch den republikanischen Geist der Provin-

*) Seitdem dieses geschrieben war hat der Congress die Constitution für den Argentinischen Bundesstaat promulgirt. Die Bestimmungen derselben bezüglich der Einwanderung geben wir in Beilage Nr. VI.

zen, die Gleichberechtigung aller Provinzen öffentlich anzuerkennen, ist sie doch beharrlich den Consequenzen des ausgesprochenen Princips ausgewichen, und während an der Spitze der öffentlichen Aktenstücke der barbarische Wahlspruch „Mueran los selvages Unitarios!" zu lesen war, übte der Gouverneur von Buenos Ayres eine usurpirte Gewalt über die Provinzen, wie sie nie ein Spanischer Vicekönig einheitlicher zusammengefasst hatte. Nach dem Sturze dieser Gewalt sehen wir von jener Parthei die grössten Anstrengungen machen, den alten Einfluss wieder zu erringen, aber weder Waffengewalt, noch diplomatische Kunststücke haben irgend einen nennenswerthen Erfolg für diesen Zweck gehabt. Das Zusammentreten eines Congresses, seit mehr als einem Vierteljahrhundert — das man bezeichnend die Epoche der Acephalie nannte — von Buenos Ayres verhindert, hat, ungeachtet aller neueren Anstrengungen dagegen, in Santa Fé stattgefunden, und es scheint demselben das grosse Werk der Einigung, so lange von allen wahren Patrioten vergeblich ersehnt, zu gelingen, wenigstens für die 13 Provinzen, welche in demselben vertreten sind. Ob die Provinz Buenos Ayres als unabhängiger Staat für immer sich von der Conföderation lossagen wird, und damit die auf die Zerstückelung der Conföderation gerichtete Brasilianische Politik fördern wird, muss die Zeit lehren. Sicherlich werden durch eine solche Lostrennung die Interessen der Stadt Buenos Ayres nicht gefördert werden, besonders seit die Schifffahrt auf den Strömen für alle Nationen gesichert ist. Denn die Fortdauer der Agitationen in Buenos Ayres, in der Absicht, die innern Provinzen wieder in die politische Abhängigkeit von dieser Stadt zurückzuführen, könnten leicht die Ursache werden, dass die Kapitalien die Stadt verlassen, um geschützt durch das Bollwerk, das die Insel Martin Garcia bietet, auf irgend einem der gelegenen Punkte der Conföderation, in grösserer Sicherheit verwendet zu werden. Die Bedeutung der Stadt Buenos Ayres hängt durchaus nicht von dem Umstande ab, dass sie der Sitz der Bundesregierung sei, eben so wenig als New-York an Wichtigkeit dadurch verliert, dass die Regierung der Union in Washington ihren Sitz hat. Im Gegentheil lehrt eine vierzigjährige Erfahrung, dass es für den Aufschwung von Buenos Ayres ungleich vortheilhafter gewesen wäre, wenn diese Stadt den politischen Partheikämpfen dadurch mehr entrückt gewesen wäre, dass der Sitz der Bundesregierung auf ein neutrales Gebiet, mehr ins Innere verlegt, ja dass Buenos Ayres selbst nicht einmal der Sitz der Regierung der Provinz geworden wäre. Wir betrachten daher die neueste Verfügung des Congresses in Santa Fé, wonach das Ministerium der Conföderation fortan in Bajada de Paraná sich etabliren soll, als eine weise, zweckentsprechende, und sehen in dieser Maasnahme eine neue Garautie für die freie Schifffahrt auf den Strömen, als des grossen Mittels, die bisher schwer vernachlässigte Entwickelung der Wohlfahrt der Provinzen zu fördern. Früher oder später wird auch in Buenos Ayres die macchiavellistische Politik des Brasilianischen Ministeriums bezüglich der Plata-Staaten richtiger gewürdigt werden, und die geistvollen Porteños erkennen lassen, dass ein aufrichtiger Anschluss an die übrigen Provinzen, im grössten Interesse der Provinz Buenos Ayres selbst ist. Der moralische Einfluss der Stadt wird immer ein höchst bedeutsamer bleiben, auch, wenn sie darauf Verzicht geleistet, Herrscherin zu sein.

Dieser Einfluss wird von dem Tage an ein gewaltiger werden, wo man in Buenos Ayres den Entschluss fasst, den Verkehr mit und zwischen den Provinzen durch alle zu Gebote stehenden Mittel zu erleichtern, und die Stadt zum Ausgangspunkte der Dampfschiffe und Dampfwagen zu machen, welche die bisher unbenutzten Produkte dieser Provinzen, wie die Paraguays und Bolivias, in der wohlfeilsten Weise in den Weltverkehr werfen.

Um eine einigermaassen richtige Vorstellung von dem zukünftigen Verkehr der grossen Stapelplätze am Rio de la Plata, im Vergleich zu dem bisherigen, hervorzurufen, wird es genügen, nur auf folgende Thatsachen die Aufmerksamkeit hinzulenken.

Der bisherige Stromverkehr beschränkte sich auf die Strecke des Paraná zwischen Buenos Ayres und der Mündung des Paraguay, und wurde durch elende Segelfahrzeuge vermittelt, die weit mehr Zeit gebrauchten, diese Strecke zurückzulegen, als die Segelschiffe gebrauchen, um von Hamburg, London oder New-York nach Buenos-Ayres zu gelangen. Die Republiken Paraguay, Bolivia und die Brasilianische Provinz Matto grosso, von der Natur auf diesen Handelsweg gewiesen, waren von diesem Verkehr total ausgeschlossen, weil die Herrschlust des Dictators Rosas die Fortsetzung der strengen Abschliessung Paraguays, auch nach dem Tode des Dr. Francia, als eine politisch gerechtfertigte Nothwendigkeit erscheinen liess. Der Bermejo, die Lebensader der Provinzen Jujui, Salta und Tucuman und der Bolivianischen Provinz Tarija, blieb dadurch fest unterbunden und der Verkehr dieser Provinzen, wie der der übrigen im Innern gelegenen, auf die Landwege verwiesen. Aber in welchem traurigen Zustande befindet sich dieser Verkehr! Von Strassen, auf denen europäische Lastwagen fortkämen, ist überall nicht entfernt die Rede. Durch die Pampas vermitteln den Verkehr grosse Karawanen, bestehend aus höchst unförmlichen zweirädrigen Karren (mit Blockräder von 5—6 Fuss Durchmesser), deren Construction der Art ist, dass 4—6 Ochsen erforderlich sind, um eine solche Karre leer fortzubringen. Eine Karre ladet gewöhnlich und vorschriftsmässig 2 Tonneladas. In den Gebirgen bedient man sich der Maulesel als Saumthiere, von denen jedes circa 10 Arroben (à 25 Pfd.*) Waaren fortschafft.

Die Frachten, welche man bei diesem Transportmittel zahlt, sind folgende:

Von Buenos Ayres:

nach Cordova für eine Karrenladung	25—30 Pesos fuertos,
nach Santiago del Esterro oder nach Tucuman per Arroba	7 bis 8 Realen Silber,
nach Salta oder nach Jujui per Arroba	11 bis 12 „ „

*) Das Argentinische Pfund stimmt so ziemlich mit dem englischen überein, nämlich 100 Argent. Pfund = 101¼ engl. Pfund = 46 Kilogramms nahezu.

Nach Buenos Ayres:

von Cordova für eine Arroba	4	Realen Silber,
von Santiago oder Tucuman per Arroba	5	„ „
von Salta per Arroba	8	„ „
von Jujui per Arroba	9	„ „

Die Zahl der Karren, welche jährlich von Salta, Tucuman und Santiago nach Buenos Ayres oder nach Rosario gelangen, ist 800 bis 1000 und von Cordova eben dahin über 2500.

Die Fracht zu Wasser auf dem Paraná ist:

Von Buenos Ayres nach Rosario und Santa Fé für eine Arroba ½ Real Silber und nach Corrientes und Paraguay 1 bis 1½ Real Silber.

Hieraus folgt mit aller Evidenz, dass nur die an den Paraná gränzenden Provinzen im Stande sind, auch ihre voluminöseren Produkte in den Verkehr zu bringen, die inneren Provinzen nur solche Produkte, welche die hohe Fracht ertragen; wie wenige dies sind, liegt auf der Hand. Aller Reichthum ihrer Erzeugnisse nutzt ihnen also nichts; bevor nicht wohlfeilere Verkehrsmittel angewendet werden. Im ganzen Lande gehören z. B. Häute zu den wichtigsten Ausfuhrartikeln. Man kann den Durchschnittspreis einer Haut in Buenos Ayres zu 8 Realen annehmen. Bei diesem Preise hat Cordova 3, San Luis 4, Rioja und Tucuman 7 bis 8, Jujui 8 und mehr Realen per Haut an Transport zu zahlen! Man kann aus diesem einen Beispiel entnehmen, welche Massen von Produkten dem Verkehr entzogen bleiben, weil der Transport zu kostspielig ist. Welche Verkehrungvermehrung würde demnach schon allein die Einrichtung einer Dampfschifffahrt auf dem Bermejo erzeugen! Wer nichts verkaufen kann, kann auch nichts kaufen. Der Absatz Europäischer Industrieerzeugnisse kann sich nur in dem Maasse steigern, als man die Transportmittel überhaupt wohlfeiler macht. Dass in dieser Richtung sich der Spekulation ein weites äusserst lohnendes Feld darbietet, wird wohl Niemand bezweifeln, und man wird uns nicht der Uebertreibung anklagen, wenn wir behaupten, dass bei Benutzung der freien Schifffahrt auf den

Strömen, in Verbindung mit Colonisationen, der Verkehr allein mit den Argentinischen Provinzen in wenigen Jahren den drei- bis vierfachen Werth des heutigen erlangen kann, und dieser letztere ist schon aller Beachtung werth, denn es beträgt die jährliche Ausfuhr von Buenos Ayres durchschnittlich 21 Millionen Thaler, die Einfuhr nahezu ebenso viel. *) In riesigen Proportionen aber wird der Verkehr alsobald steigen, wenn die erste Dampflinie die entferntern Punkte des Paraguay, namentlich Otuquis, mit Buenos Ayres verbindet, und der Handel Bolivias auf diesen Weg geleitet und mit dem von Paraguay, Matto grosso und den Argentinischen Provinzen in den Häfen des La Plata concentrirt sein wird. Hier liegt eine unermessliche Erndte vor. Der Wettlauf unter den handelsverständigen Nationen bereitet sich vor, England, Frankreich, Nordamerika, selbst Sardinien stehen bereits auf der Bahn, aber Deutschland, die zweite, wenigstens die dritte, Handelsmacht der Welt sieht schlaftrunkenen Blickes diesem Schauspiel zu, wie es scheint, kaum ahnend, um was es sich in der Platafrage handelt. Und doch spielt die deutsche Auswanderung in den brittischen, französischen und nordamerikanischen Speculationen, welche die neue Phase, in welche die Platafrage getreten, hervorruft, eine so hervorstechende Rolle!

Das Gran Chaco.

Als nördliche Fortsetzung der Pampas, aber doch wesentlich verschieden von denselben in seinem äussern Ansehen, dehnt sich an der rechten Seite des Paraná und Para-

*) Die zuverlässigsten Nachweise über den Handelsverkehr der Stadt Buenos Ayres findet man in der vortrefflichen Schrift: „Gegenwart und Zukunft der Plata-Länder für deutschen Handel und Colonisation, Hamburg, Hoffmann und Campe, 1852.“ Diese Schrift ist überdiess, trotz ihrer Rosaistischen Färbung, überaus reich an den interessantesten Notizen über das Land, die gesellschaftlichen Verhältnisse, die Lage der französischen, deutschen und italienischen Einwanderer u. s. w.

guay, zwischen den Strömen Salado und Otuquis und westwärts bis zu den letzten östlichen Verzweigungen der Argentinischen und Bolivianischen Anden, ein Gebiet aus, an Oberfläche ziemlich so gross als ganz Deutschland, das Gran Chaco *) genannt, welches noch heute von der civilisirten Welt kaum so gut gekannt ist, als Germania den Römern zur Zeit des Tacitus. Die Reichthümer des Chaco, sagt Arenales, sind nur vergleichbar den majestätischen Strömen, die es begränzen. Wer aber hat diese Reichthümer erforscht!?

Der erste, welcher das Chaco erobern wollte, war der aus Peru vertriebene Capitain Andres Manzo. Er drang bis zum Pilcomayo vor, auf dessen rechtem Ufer er sich niederlassen wollte. Von allen Seiten durch die dort heimischen Indianer angegriffen, verlor er im Kampfe mit den Chiriguanos sein Leben, und es blieb von dieser Unternehmung keine Spur, ausser der Benennung Llanos de Manzo, welche die Gegend heute noch führt, wo dieser Versuch so traurig endete. Die Jesuiten, in ihrem Streben, ein unermessliches Reich in dem reichsten Theile Amerikas zu gründen, machten auch während des Laufes eines Jahrhunderts zahlreiche, wiewohl vergebliche Versuche, sich das Gran Chaco zu unterwerfen; ihre wenigen Missionen, die sie hier errichteten, besonders am Bermejo, gelangten zu keiner Bedeutung und sind längst verschwunden.

Die Kühnheit, mit der die Indianer des Chaco die Spanischen Ansiedelungen im Gebiete von Jujuy angriffen und zerstörten, vermochte endlich (seit 1670) die Regierung, wiederholt Expeditionen von Tucuman und Tarija aus in das Gran Chaco auszusenden, die aber wegen schlechter Leitung in der Regel kein günstiges Resultat ergaben. Die wichtigsten sind die folgenden.

*) Zuweilen wird dieses Gebiet auch Chaco - Gualamba genannt. Der Name soll von Chaco herkommen, der in der Quichuasprache eine grosse Heerde Rothwild bezeichnet, welches in dem weitem Gebiete sehr zahlreich ist.

Der Gouverneur von Tucuman, Don J. Espinosa, brach (1759) von Campo hermoso am Salado auf, ging über Pitos direct nach dem Bermejo, auf einem Wege, den man die Senda de Macomita genannt hat, und drang an diesem Flusse weiter abwärts bis zu einem Orte, der Tren de Espinosa genannt wurde, von wo er auf demselben Wege zurückkehrte. Eine spätere Expedition unter Arrascaeta gelangte von der Mission Macapilla am Salado ohne grosse Hindernisse bis Cangayé (wo später die Mission Santiago gegründet wurde) am Bermejo, ungefähr 40 Leguas von Corrientes und dem Paraná entfernt. Hier stiess sie auf einen so kräftigen Widerstand der Indianer, dass Arrascaeta und seine Leute sich glücklich preisen mussten, durch die Grossmuth der Indianer mit dem geretteten nackten Leben die Heimath wieder zu erreichen. Die bei weitem ausgiebigste aller dieser Expeditionen aber war die, welche Don Geronimo Matorras 1774 ausführte. Er ging vom Fort Rio del Valle (25° 5′ S. Br. in den Vorbergen der Serra Lumbré) aus, erreichte nach einem höchst beschwerlichen Marsche Tren de Espinosa. Von hier verfolgte er mit einer kleinen Schaar, welche den Muth behalten hatte ihm zu folgen, den Lauf des Bermejo bis Cangayé. In der Nähe dieses Ortes traf er auf den mächtigen Häuptling Paikin, den er, wie schon früher die Indianer, durch deren Land er gezogen, durch freundliche und kluge Behandlung gewann und mit dem er einen feierlichen Vertrag abschloss. Paikin, zum „Ersten Corporal des Chaco" ernannt, erkannte die Oberherrschaft des Königs von Spanien an und beharrte bis zu seinem Tode in der Treue. Bei Potreros de S. Bernardo entschloss sich Matorras zur Umkehr, weil es anfing an Weiden für die Lastthiere zu mangeln, sandte aber von hier aus zwei Boten mit Schreiben an den Gouverneur von Corrientes, die auch, von Paikin geschützt, glücklich anlangten. Im Jahre 1780 nahm der Oberst Arias denselben Weg, den Matorras genommen, und gründete zu Cangayé die Mission Santiago und 15 Leguas weiter abwärts die Mission S. Bernardo. Noch mit Einrichtungen an dem letzteren Orte beschäftigt, erschien am 1. December 1780 ganz unerwartet der Jesuit Morillo, welcher von Juntas de S. Francisco ab den Bermejo in einem seinem Chef entwendeten Boote herabgeschwommen war, dem Oberst Cornejo, dessen Expedition zur Untersuchung des Bermejo er als Caplan beigegeben war, hinterlistig den Ruhm der ersten Entdeckungen auf diesem Strome raubend. Arias hielt zwar anfänglich den treulosen Pater fest, aber dieser wusste ihn bald dahin zu bestimmen, mit ihm die Fahrt auf dem Strome fortzusetzen. Es wurde schnell ein Boot dem gleich erbaut, welches Morillo mitgebracht, und beide Böte zu einem Floss vereinigt, auf welchem sich Morillo und Arias nebst sieben Officieren am 26. Januar 1781 einschifften und nach einer Fahrt von 22 Tagen in den Paraguay gelangten. Zehn Jahre später, 1790, befuhr der obengedachte Oberst Cornejo den Bermejo von Oran ab bis zur Mündung und seitdem hat Niemand, ausser Oberst Soria 1825 den Strom beschifft. Bei seiner Ankunft auf dem Paraguay wurde Soria von dem Dictator Dr. Francia gefangen genommen und bis 1831 festgehalten. Seine Beschreibung der Stromfahrt ist das Beste, was wir über den Bermejo besitzen *).

Von einem Zuge, den fünfzig Correntiner 1842 nach einem unglücklichen Gefecht von Tucuman aus quer durch das Gran Chaco nach Corrientes ausgeführt, ist wenig mehr, als die allerdings wichtige Thatsache bekannt, dass sie ohne Verlust eines einzigen Menschen glücklich in Corrientes anlangten und unterweges hinlänglich wilde Früchte, Fische, Vögel und vierfüssige Thiere für ihren Unterhalt gefunden hatten.

So gering auch im Ganzen genommen der Gewinn ist, den diese Expeditionen geliefert, so haben sie uns doch den südlichen Theil des Chaco, zwischen dem Salado und Bermejo, einigermassen kennen gelehrt und die wichtige Thatsache ausser Zweifel gestellt, dass der Bermejo, wenigstens einen Theil des Jahres hindurch, auf einer Strecke von circa

*) Das in Buenos Ayres erscheinende Journal „British Packet" giebt den Bericht Soria's in den Nummern 1399—1402, August 1853, vollständig.

100 geogr. Meilen schiffbar ist. Nur an zwei Stellen treten ernstlichere Hindernisse auf, welche die Schifffahrt bergwärts unterbrechen, von denen jedoch das im Unterlaufe, der Salto de Iso, höchst wahrscheinlich umgangen, oder mit geringen Kosten wegzuräumen sein wird.

Dagegen ist der mittlere Theil des Chaco, zwischen dem Bermejo und Pilcomayo, und der nördliche, zwischen dem Pilcomayo und Otuquis so gut als ganz unbekannt. Wir haben schon erwähnt (Abschn. II.), dass die Versuche, den Pilcomayo zu beschiffen, bis jetzt sämmtlich missglückt sind, und es ist daher um so mehr zu bedauern, dass auch Herr Weddel 1846 es nicht thunlich befunden, seine Absicht auszuführen, nämlich von Tarija aus quer durch das Chaco nach dem Paraguay zu reisen. Doch bleibt seine Beschreibung des ganz kleinen Abschnitts der Umgegend von Villa Rodrigo und von dem obern Pilcomayo ein höchst interessanter und schätzenswerther Beitrag zur Kenntniss des Landes.*)

Herrn Weddels Charakteristik des Landes ist die folgende*): „Der hervorstechendste Charakter des Chaco ist die Einförmigkeit seiner Oberfläche und die geringe Erhebung seines Bodens über dem Niveau des Oceans. Haenke hat schon diese Bemerkung bezüglich der Ebenen von Santa Cruz de la Sierra, Moxos und Chiquitos, die als seine nördliche Fortsetzung zu betrachten sind, gemacht. Azara machte dieselbe Beobachtung in Bezug auf den Theil, welcher an den Paraguay gränzt. Ich habe meinerseits die Erhebung des Chaco an der Gränze von Tarija gemessen und sie nur 160 Meter über dem Niveau des Meeres gefunden, was für das allgemeine Gefälle der Ströme nur 10 Meter auf den Grad giebt. Aus dieser Thatsache allein kann man schliessen, dass in diesen Gebieten die Ueberschwemmungen unabwendbar sind. Ihre häufige Wiederkehr muss, wie ich glaube, als das grösste Hinderniss angesehen werden für die Communicationen, welche durch diese Districte hergestellt werden sollen,

*) Siehe F. de Castelnau Expedition dans l'Amérique du Sud, T. VI.
**) F. de Castelnau Expédition. T. VI. p. 271.

und für die Etablissements, welche man hier gründen wollte. Uebrigens sind die Ueberschwemmungen im nördlichen Theil des Chaco von grösserer Ausdehnung als im südlichen. Während der Regenzeit, welche vom October bis in den März dauert, zeigen die überschwemmten Ebenen die Ansicht eines grossen Oceans, besäet mit grünen kleinen Inseln. Die Ströme, welche einige Zeit zuvor klar zwischen ihren steilen Ufern hinflossen, schwellen alsdann über alles Maass, von den Cordilleren herabströmend an, und ihre Gewässer beladen sich mit einem Schlamm, den sie fallen lassen, sobald sie in die Ebene gelangen und ihre Strömung an Gewalt verliert. Hieraus ergiebt sich eine fast beständige Aenderung in der Beschaffenheit des Bettes verschiedener Flüsse, die das Chaco durchströmen, und folglich ein Hinderniss für ihre Beschiffung."

„Die Monotonie der Oberfläche des Chaco wiederholt sich in seiner Vegetation. Man sieht hier unermessliche Räume fast allein nur mit einer Pflanzenart, einer Baumart, bedeckt. Es giebt keinen Reisenden, der das Chaco besucht hat, welcher nicht der Palmares oder jener ausgedehnten Anhäufungen von Palmen, die sich hier vorfinden, erwähnte. Von einer gewissen Höhe aus die Wälder überschaut, welche von diesen gesellschaftlichen Bäumen gebildet werden, gewähren sie den Anblick eines Oceans. Der Algarrobo (Prosopis dulcis) bildet auch Waldungen von grosser Ausdehnung, die man Argarrobales nennt. Dasselbe kann man von der eleganten Mimose sagen, die unter dem Namen Vinal bekannt ist. Dieser Baum wächst insonderheit an Orten, die den Ueberschwemmungen ausgesetzt sind, und trägt sehr dicke Stacheln, die oft 2 Decimeter (7—8 Zoll) lang sind. Der Saft aus den Blättern, welcher adstringirend ist, wird als ein Hauptmittel gegen Augenleiden betrachtet. Der Gayac, den man seiner Kräfte wegen Palo-Santo nennt, bildet in einigen Gegenden auch Gehölze. Die Bombaceenart, bekannt unter dem Namen Palo Borracho, findet sich gleichfalls häufig, und an den Ufern des Bermejo gewahrt man überall Weiden- und Pappelgehölze, welche die Beschiffer dieses Stromes als seine schönste Zierde schildern. Ich könnte auch von den Thieren sprechen, welche die Flüsse, die ausgedehnten baumlosen Weideflächen oder die so mannigfaltigen Gehölze des Chaco bewohnen, da sie jedoch nur wenig characteristisch für das Land und dieselben sind, die man in den angrenzenden civilisirten Gegenden antrifft, so halte ich es für überflüssig, in dieses Detail einzugehen."

Die partiellen Ueberschwemmungen in der Regenzeit sind allerdings ein besonders zu berücksichtigender Umstand, aber wir glauben, dass sie sowohl ihrer Erstreckung als ihrer Bedeutung nach weit hinter der Vorstellung zurückbleiben, die so allgemein gehaltene Schilderungen hervorrufen könnten. Kein Reisender hat, so viel bekannt ist, in der Regenzeit das Chaco im Innern besucht und es scheint uns der Schluss aus der Thatsache, dass ein bedeutender Theil des Paraguay-Ufers im Chaco überfluthet wird, auf das ganze ungeheure Gebiet, als grösstentheils der Ueberschwemmung unterworfen, voreilig zu sein. Die obige Schilderung von den Ueberschwemmungen passt allerdings auf die Ueberschwemmung des Paraguay-Ufers, aber sie wird auch wohl hauptsächlich nur auf dieses zu beschränken sein, obgleich damit nicht bestritten werden soll, dass auch der Bermejo, Pilcomayo und andere Flüsse des Chaco nicht gewisse niedrige Uferstrecken haben, die bei Hochwasser überfluthet werden.

Die früher am Bermejo und dem Salado bestandenen Missionen, die grossen Waldflächen, zum Theil aus Bäumen gebildet, die zwar die Ebenen, aber nicht das Wasser lieben, der grosse Reichthum des ganzen Chaco an vierfüssigen Thieren, die nicht unansehnliche menschliche Bevölkerung, die sich hier vorfindet, und manches andere noch, spricht dafür, dass bei weitem der grösste Theil der Oberfläche den Ueberschwemmungen nicht ausgesetzt sei. Wir wollen gar nicht einmal die Frage aufwerfen, woher die ungeheure Wassermasse kommen soll, die ein so unermessliches Gebiet, als das Gran-Chaco, in einen einzigen See verwandelt, „aus dem nur kleine Inseln hervorragen," und das für Monate lang; wir brauchen nur die genaueren Berichterstatter selbst zu hören, um die allerdings wichtige Frage über die Bewohnbarkeit des Chaco beurtheilen zu können.

Der vorsichtige und überaus aufmerksame Don Manuel Flores spricht in seinem früher schon hier angezogenen Bericht nur davon, dass das westliche Ufer des Paraguay (welches dem Gran-Chaco angehört) bis 22° 6′ S. Br. niedrig und der Ueberschwemmung ausgesetzt sei. An diesem Punkte erhebe sich der kleine Galvan-Berg, dessen Fuss bei Hochwasser bespült werde. Von hier ab nordwärts erhebe sich das Land immer mehr bis zum 21° und man erblicke verschiedene kleine Berge, „die zu dem Schluss berechtigen, dass das Binnenland hohes, den Ueberschwemmungen nicht ausgesetztes Land sei." Von 21° bis 20° bemerke man vom Strom aus weder Hügel noch Berge, aber hohes Gestade, bedeckt abwechselnd mit Gras und dichtem Gehölz, besonders Palmen, und es sei nicht zu entscheiden, ob dieses Ufer überschwemmt werde. Von 20° ab den Strom aufwärts erscheinen Hügel und Berge in immer grösserer Zahl bis in 19° 30′ zusammenhängende Bergreihen auftreten.

Für die Frage, wie weit die Ueberschwemmung des Paraguay an den niedrigsten Stellen des Chaco-Ufers reiche, ist die Untersuchungsfahrt von D. Felix Azara auf dem Pilcomayo von Wichtigkeit. Er fuhr den nördlichen Mündungsarm, den Araguay hinauf, zur Zeit, als die Ueberschwemmung stattfand, und nach seiner Bestimmung war der Wasserstand des Paraguay zu dieser Zeit nur 1½ Fuss unter dem höchsten den er erreicht. Wegen der Ueberschwemmung war die Mündung des Pilcomayo schwer aufzufinden, und als man in dieselbe eingetreten war, zeigte sich, wegen der Stauung, die Strömung des Pilcomayo Null. Nach einer Fahrt von einem halben Tage tauchte das Ufer des Pilcomayo an verschiedenen Stellen aus dem Wasser auf und bald darauf erhob es sich vollständig über dasselbe. Die Flusstiefe wurde 16 Fuss befunden. Schnell erlangte das Ufer die Höhe von 3 Varas über der Wasserfläche. „Es gab weiter keine beholzten Inselchen und man sah auf allen Seiten sich Carandais-Palmenwaldungen erheben, und die Ufer, besonders das rechte, war häufig mit Baumwollen-Bäumen bestanden von denen seine Leute eine schöne Anzahl Pfunde Baumwolle sammelten. Alle Anzeichen sprachen dafür, dass die Ueberfluthung des Paraguay nicht sich viel weiter als bis hieher erstrecke." Die bis hieher von der Mündung aufwärts zurückgelegte Wegstrecke schätzte Azara auf 6 bis 7 (See-) Meilen. Den folgenden Tag fand er den Pilcomayo auf sein eigenes Wasser reduzirt, nur 7—12 Fuss tief, und die Ufer 20 Varas hoch. An dem steilen Ufer war unverkennbar zu sehen, dass der höchste Wasserstand des Pilcomayo nur 4 Varas den gegenwärtigen übertroffen habe. In 3 Leguas Abstand vom Fluss sah man am rechten Ufer einen grossen Wald, der Rest der Ebene war wagrecht und ohne Grenzen. Den dritten Tag der Fahrt begegnete man einer Felsenbank die bis in die Mitte des Bettes vorsprang*). Das etwa 20 Varas hohe Ufer war zum Theil Fels, Wassertiefe nur 6 Fuss, die Strömung auf manchen Strecken ausserordentlich stark. Die Ufer waren zu hoch um den Gebrauch der Segel zu gestatten und die Strömung für das Rudern zu stark, was zur Rückkehr bestimmte.

Wir glauben hiernach, dass das Gran Chaco, dessen herrliche Vegetation die Bewunderung aller Reisenden, die einen Schritt in dasselbe gethan, erregt hat, ebenso gut bewohnbar sei, als die grosse germanisch-slawische Ebene Europas, in der es gleichfalls nicht an Strömen fehlt, die zu gewissen Jahreszeiten ihre niedrigen Ufer überschreiten, wenn es der Kunst nicht gelingt sie an ihr Bett zu fesseln.

Die Zahl der gegenwärtigen Bewohner des Gran Chaco schätzt man auf höchstens 100,000. Es sind freie Indianer, die in diesem weiten Gebiete ein Asyl fanden, als die Spanier

---

*) Diese Bank scheint ein halb zerstörter Salto zu sein, welcher dem Salto de Iso im Unterlaufe des Bermejo ebenso entspricht, wie der obere Salto des Bermejo dem Salto des Pilcomayo bei Guarapetendi. Die Linie, welche durch die beiden unteren Saltos des Bermejo und Pilcomayo gezogen wird, würde die Grenze der höheren Terrasse des Chaco bezeichnen, die in dieser Linie zum Paraguay sich herabsenkt.

das Ynkareich zertrümmerten und in den heutigen Argentinischen Provinzen sich festsetzten. Man mag sie Barbaren nennen, aber Wilde sind sie ebenso wenig, als es die Germanen zur Römerzeit waren. Wie diese damals, so zerfallen auch die heutigen Bewohner des Chaco in verschiedene kleine Völkerschaften*), welche theils dem Guarani-, theils dem Quichua-Stamme anzugehören scheinen. Die Guarani-Sprache scheint die verbreiteteste zu sein. Zu den bekanntesten dieser Völkerschaften gehören wohl die Chiriguanos und Matacos im Westen, die Tobas im Osten und die Guaycurús und Mbayas nördlich von den Tobas.

Ihren Unterhalt gewinnen die Chaco-Einwohner durch Jagd, Fischfang, Viehzucht und einigen Ackerbau. Erzeugnisse des letztern sind: Mais, aus dem sie die beliebte Chicha, eine Art Bier, bereiten, Erbsen, Baumwolle, Wassermelonen u. s. w. Sie sind überhaupt betriebsamer als man sonst von den freien Indianern gewohnt ist**). Aus dem tiefsten Innern begeben sie sich in grossen Schaaren zur Erntezeit nach den angrenzenden Provinzen Jujuy, Salta etc. um zu helfen und mit dem geringen Verdienst sich die Gegenstände zu erwerben, die sie benöthigen. Sie sind gastfrei, so weit es ihre Armuth gestattet, und gutmüthig; aber eifersüchtig auf ihre Freiheit und Unabhängigkeit. Was man jedoch auf dem Wege der Güte und bei Einhaltung der gegen sie eingegangenen Verbindlichkeiten zu erlangen vermag, hat das Verfahren des Matorras gelehrt. Dass sie dem ehrlichen Verkehr mit den Weissen nicht abgeneigt sind, davon liegt ein sprechendes Zeugniss aus unsern Tagen vor, das d'Orbigny aufbewahrt hat. Während der Anwesenheit dieses berühmten Reisenden in Corrientes, erzählt derselbe, sei der Häuptling der Tobas, Bernardo, mit vier andern Männern seines Stammes, nach jener Stadt gekommen als eine Deputation, um dem Gouverneur vorzuschlagen mit den Tobas einen Handelsvertrag abzuschliessen, der Art, dass sie ihre Baumwolle und Pelzwerke nach Corrientes

*) Azara zählt deren 17 auf.

**) Soria lobt ihre wollenen Gewebe.

zum Verkauf bringen dürften, oder dass man diese Waaren von ihnen abhole. Unglaublich aber wahr ist es, der Gouverneur hat den Vorschlag verworfen mit dem Hinzufügen, er bedürfe ihrer Baumwolle nicht und könne auch ihre Pelzwerke entbehren, die Tobas lieferten schon genug in den Handel! Die Tobas reisten ohne ihren Zweck erreicht zu haben ab und der dargebotene Weg zur Civilisation des Chaco war für's erste abgeschnitten. Die Einrichtung einer Dampflinie auf dem Bermejo wird auch den armen Tobas zu Gute kommen, ihnen die Arbeit im eigenen Interesse, schätzbar machen und sie zu einer höhern Culturstufe erheben. Möchten die europäischen Unternehmer der Dampfschifffahrt auf den Strömen des Chaco nie vergessen, dass die Verbreitung wahrer Humanität ihr grösster Vortheil ist!

Die Gränzlinie zwischen der Argentinischen Conföderation und Bolivia soweit sie das Chaco durchschneidet ist völlig unbestimmt.

IV.

Paraguay. — Die Brasil. Provinz Matto grosso. — Bolivia. — Die Bolivianische Provinz Otuquis.

Paraguay.

Der Gründung von Asuncion, der Hauptstadt des Landes, ist schon oben bei der Argentinischen Conföderation gedacht worden. Durch die Feudaleinrichtungen, welche Irala traf, der an die Spitze jenes Restes Abenteuerer gestellt worden war, der aus den Wildnissen von Chiquitos nach dem Fort Asuncion zurückkehrte, wurden die sanftmüthigen Paraguayos um so leichter unterworfen, als die neuen Feudalherren sich Kazikentöchter zu Frauen zulegten und dadurch den Eingebornen näher traten. Die Wildniss um Asuncion verwandelte schnell ihr Ansehen. Meilenweit ins Land traf man bald schöne Herrensitze und Dörfer, umgeben mit reichen

Pflanzungen und Weiden auf denen sich grosse Rinderheerden tummelten.

Es war sicher ein grosser Gedanke, Asuncion zur Hauptstadt des unermesslichen Stromgebietes und zum Hauptstapelplatz für den Handel mit Perú zu erheben. Von dieser Politik geleitet, gründeten die Nachfolger Iralas, Corrientes, Santa Fé und Buenos Ayres als Stationsplätze und suchten sich in Chiquitos festzusetzen. Man kann es nur als einen folgenreichen Fehler der Spanischen Regierung betrachten, dass sie diese Politik der ersten Eroberer nicht allein nicht fortsetzte, sondern sogar Buenos Ayres zu einem selbstständigen Gouvernement (1620), später (1776) zum Sitz eines Vicekönigs erhob, von welchem Paraguay abhängig wurde. Inzwischen hatten sich im letztern Lande die Jesuiten eingefunden, denen es durch den Einfluss den sie am Hofe von Madrid hatten, bald gelang sich an die Stelle des Gouverneurs von Paraguay zu setzen. Sie nahmen in gewissem Sinne die Politik der ersten Eroberer wieder auf, jedoch nach dem Charakter der Indianer und nach der Absicht, ein grosses unabhängiges Reich im Herzen Südamerikas zu gründen, wesentlich modificirt. Es ist nicht zu leugnen, dass sie es verstanden haben in verhältnissmässig kurzer Zeit eine Wildniss von unermesslicher Ausdehnung in ein Land von blühendem Aussehen zu verwandeln. Ihre Reductionen, wie sie ihre Ansiedelungen nannten, dehnten sich bald ostwärts über den Paraná und Uruguay, westwärts über Chiquitos bis in die Anden aus. Mit der Vertreibung der Jesuiten trat auch sofort der Verfall der Missionen ein. Die armen Indianer wurden gedrückt, gemisshandelt, ja in der grössern Entfernung von dem Gouvernementssitze selbst zu Sklaven gemacht, so dass bald ein grosser Theil der Indianer sich in die Wälder flüchtete und dort wieder verwilderte. Nur in Paraguay selbst erhielt sich einige Cultur, hauptsächlich durch die Mischung mit Europäern, welche durch die ersten Eroberer eingeleitet worden war. Aber die elenden Regierungen, welche in den letzten Zeiten in Spanien wirthschafteten, hatten ganz andere Sorgen als an die Hebung eines so entfernten Landes zu denken, das nicht einmal Gold- und Silberminen aufzuweisen hatte.

Allgemein ist bekannt, dass die Absetzung der Spanischen Dynastie durch Napoleon für Buenos-Ayres und Paraguay das Signal war, sich vom Mutterlande zu trennen; aber unter allen Spanischen Kolonien war Paraguay die erste, die sich (1811) als einen unabhängigen Staat hinstellte, an dessen Spitze Dr. Francia trat, welcher bald die unumschränkteste Herrschaft übte, die er bis zu seinem Tode (1840) behauptet hat In der Abgeschlossenheit, in welcher er das Land erhielt, konnte von Fortschritten nicht die Rede sein, aber wie gerechter Tadel ihn auch trifft, so lässt sich doch nicht leugnen, dass er dem Lande seine vielfach bedrohte Unabhängigkeit bewahrt und Bürgerkriege von ihm ferngehalten hat, welche die Nachbarstaaten, besonders die Argentinischen Provinzen, so lange zerrüttet und noch mehr entvölkert haben. Dieser Anblick war allerdings auch nach dem Tode des Dr. Francia nicht geeignet, den Paraguayanern den Wunsch einzuflössen, von Buenos-Ayres aus beherrscht zu werden. Diesen Umstand hat Brasilien trefflich auszubeuten gewusst. Eine engere, selbst auch nur eine commerzielle Verbindung zwischen Paraguay und den übrigen Platastaaten ist das, was man in Rio de Janeiro am meisten fürchtet. Hauptsächlich auch deshalb, weil Paraguay mit seinen Producten ein sehr gefährlicher Rival Brasiliens auf den Märkten am La Plata wird, von dem Tage an, wo Asuncion mit Buenos-Ayres und Montevideo durch eine Dampflinie verbunden wird, und Dampfschleppschiffe den Paraná und Paraguay hinauf- und hinabfahren. Und das ist für Brasilien ein sehr bedeutsamer Gegenstand, da es an Zucker, Kaffee, Tabak und Cacao in die Platahäfen für circa 2 Millionen Thaler Preuss. jährlich einführt, ein Absatz, den es sicher ganz verlieren würde, wenn es nicht zu verhindern wüsste, dass Paraguay dieselben Producte, die es bei besserer Qualität wohlfeiler zu erzeugen vermag, gleichfalls dorthin sendete. Für Brasilien waren daher die Bestrebungen des Dictators Rosas, Paraguay seiner blutigen Herrschaft zu unterwerfen, sehr willkommen. Denn die Sperrung des Paraguaystromes, die Brasilien schon um seines Eldorado Mattogrosso willen zu verewigen wünscht, und die Beseitigung jedes Handelsverkehrs mit Paraguay und dem noch weiter nördlich gelegenen Bolivia, ja selbst mit den nordwestlichen Argentinischen Provinzen, die alle Handelsconcurrenten mit Brasilien zum Theil schon sind, aber es in unendlich grösserem Maassstabe werden können, waren die natürlichen Folgen jener feindlichen Gegenüberstellung, die es daher nach Kräften zu nähren suchte. Unter der Maske der uneigennützigsten Freundschaft befürwortete deshalb das Brasilianische Kabinet überall die Anerkennung der Unabhängigkeit Paraguays, hoffend, in dieser Republik denselben „legitimen" Einfluss zur Geltung zu bringen, mit dem es die Banda oriental beglückt. In derselben Absicht arbeitet Brasilien seit Jahren auf die Abtrennung der Provinzen Entre-Rios und Corrientes vom Argentinischen Bunde hin, und es unterliegt wohl kaum einem Zweifel, dass es in der letzten Zeit in eben dieser Richtung in Buenos-Ayres thätig ist, nachdem es in Urquiza das gefügige Werkzeug nicht gefunden für die Geltendmachung des „legitimen" Einflusses Brasiliens in den innern Angelegenheiten von Entre-Rios. Der Congress in Santa-Fé ist ruhig seinen eigenen Weg gegangen und daher von der Regierungspresse Brasiliens constant ignorirt worden, während man fortfuhr, die Stadt Buenos-Ayres in den Vordergrund zu stellen, als ob diese eine Stadt die ganze grosse Argentinische Conföderation darstelle. Die Gesetze und Verträge, welche die freie Schifffahrt auf den Strömen für alle Nationen eröffneten, waren eben so viele harte Schläge gegen die Brasilianische Platapolitik, und daher scheint Brasilien das Möglichste gethan zu haben, um Paraguay von dem Schritte abzuhalten, sich zu diesem grossen Prinzip, auf welchem sich die Wohlfahrt der Plataländer schnell erbauen wird, zu bekennen. Dennoch hat die Regierung Paraguays die ersten Schritte in dieser Richtung gethan, und ist auch namentlich zu den dreizehn im Congress von Santa-Fé repräsentirten Argentinischen Provinzen, in ein engeres, ihren Interessen durchaus entsprechendes Verhältniss getreten.

Diese Einigung und Uebereinstimmung der Binnenländer erregt, wie man uns berichtet hat, am Hofe von Rio de Janeiro gegenwärtig grossen Missmuth, und wir schenken dieser Nachricht um so williger Glauben, als die neuesten Zeitungen aus jenen Ländern die Anzeige bringen, dass der Brasilianische Geschäftsträger in Asuncion wegen seiner Bemühungen, in Paraguay eine ähnliche Revolution anzuzetteln, wie sie gleichzeitig in Montevideo, trotz oder wahrscheinlich vermöge des „legitimen Einflusses", den Brasilien dort übt, durchgesetzt wurde, aus Paraguay verwiesen worden ist. Die Note des Paraguayanischen Ministers Benito Varela vom 10. August 1853, an den gedachten Geschäftsträger gerichtet, giebt eine klare Einsicht in die Brasilianischen Intriguen bei den Platastaaten, die darauf gerichtet sind, wie die Note es richtig und unumwunden ausdrückt, „eine Spaltung zwischen den Schwester-Republiken einzuführen, weil sie ihre guten Beziehungen durch das neue Band eines Navigations- und Grenz-Vertrages enger geknüpft haben." Wir ersehen hieraus, dass die Mehrzahl der Plata-Staaten sehr wohl begreift, was die „Grossmuth und die Civilisationsbestrebungen" Brasiliens hinsichtlich der Plata-Staaten, deren sich die Brasilianische Regierung vor der Welt rühmt, bedeuten, und es kann nicht fehlen, dass diese Einsicht auch in Uruguay und Buenos-Ayres, wo Brasilianischer Einfluss zur Zeit noch waltet, sich immer weiter durch alle Klassen verbreitet. Der Castilische Stolz der Porteños*) ist ohnehin nicht dazu geneigt, Portugiesiche Herrschaftsgelüste zu ertragen.

Keine Nation der Erde ist in so günstiger Lage, ein inniges, aufrichtiges Verhältniss mit den Plata-Staaten einzugehen, als die Deutsche, hoffen wir, dass diese Einsicht, zunächst in Deutschland, nicht länger, zum grössten Schaden beider Ländergruppen, in der Entwickelung aufgehalten werde!

Die Gränze von Paraguay bilden im Westen, Süden und Osten die Ströme Paraguay und Paraná, im Norden uner-

*) Einwohner von Buenos Ayres.

messliche Wildnisse, durch welche die feste Gränze noch zu ziehen bleibt. Der Flächeninhalt kann daher nur annähernd geschätzt werden und ist in keinem Falle viel unter 5000 geograph. Quadratmeilen, also nahe zu dem Flächenraume der Preussischen Monarchie gleich. Die Einwohnerzahl wird sehr verschieden angegeben, doch dürfte die Schätzung, welche 800,000 annimmt, der Wahrheit ziemlich nahe kommen. Hauptpunkte des innern Verkehrs sind: Asuncion (12000 Einwohner), Villa rica (5000 Einw.), Curuguaty und Pilar de Nembuco. Der reichste, angebaute Theil des Landes ist der südliche, an dem Rio Tebicuary und seinen Zuflüssen. Bedeutende Gebirge besitzt das Land nicht. Die Erhebungen, welche vorkommen, übersteigen nicht ein Paar hundert Meter den Horizontalschnitt des wellenförmigen Bodens, den eine wundervoll reiche Vegetation bedeckt. Herrliche Wälder wechseln überall mit fetten Prairien ab.

Von dem Mineralreichthume des Landes weiss man zur Zeit noch so gut wie gar nichts. Das erste Hüttenwerk ist erst seit zwei Jahren eingerichtet, und soll ganz vortreffliches Eisen liefern. Die Eisenminen von Caapucú sollen 75 pCt., die von Ibicui 43 pCt. geben. Das Zink der kleinen Cordillera 22 pCt.; Silber aus denselben Bergen durch Schmelzung 4 pCt., Blei kommt bei Ibitimi, Quecksilber in der Sierra von Santa Maria de Fé, in den Missionen, Salzlager in den Districten von Luque und Capiatá vor. Die Hauptquellen des Reichthums des Landes sind die Viehzucht und der Ackerbau, namentlich der letztere braucht aber noch grosser Verbesserungen, wofür die gegenwärtige Regierung ernstlich Sorge zu tragen scheint. Obgleich dem grössten Theile nach noch der gemässigten Zone angehörend, erzeugt das Land doch alle werthvollen tropischen Producte in grossem Ueberflusse. Kaffee, Zucker, Baumwolle, Indigo, Tabak, Yerba de Maté (Paraguaythee), kostbare Farben- und Tischlerhölzer, Gummi, Balsame, Copal, Cautschouk, Producte der Viehzucht, insonderheit Häute, Hörner, Talg und Fleisch, bilden die Hauptausfuhrartikel.

Die Jesuiten und nachher Dr. Francia haben die Einwohner an Arbeit gewöhnt, und sie sind in dieser Rücksicht den Brasilianern weit voran, die nur gewohnt sind, Sklaven für sich arbeiten zu lassen.

Von der herrlichen Vegetation und dem Klima des Landes sprechen alle Reisenden mit Begeisterung. Hören wir über das Letztere den Capitain Th. Page. Er sagt: „Das Klima ist köstlich, von einer Heilsamkeit, die nur demjenigen der Canarischen Inseln zu vergleichen ist. Die Luft durchdringt Euch mit Wollust, der Himmel hat die Heiterkeit und die Reinheit des Himmels von Jonien, der Winter ist frisch, der Sommer sehr heiss. Besonders im Juni (Winter) gewahrt man Reif und in den Ebenen treibt der Südwind zuweilen sogar Schneeflocken, aber dabei entkleiden sich die Bäume nicht ihres Blätterschmuckes, und die Prairien behalten ihre Blumen das ganze Jahr hindurch; reichlicher Thau ertheilt dem Erdreich immer eine sanfte Feuchtigkeit."

Dem Character der Einwohner wird von Allen grosses Lob gespendet. Sie sind „sanft, indolent, friedlich, harmlos, durchdrungen von einem tiefen Gefühl vor der Autorität, gehorchen den Befehlen des Präsidenten wie dem göttlichen Gesetze, sind ehrerbietig gegen ihre Vorgesetzten, wohlwollend und herzlich gegen Gäste, welche der Zufall ihnen zugeführt."

Volks- und Umgangssprache ist in Paraguay die Guarani-Sprache, welche bekanntlich schon die Jesuiten zu einer Schriftsprache erhoben hatten. Die officielle Sprache ist zwar noch die Spanische, welche aber von einem grossen Theile des Volkes nicht verstanden wird. Es kann daher nicht fehlen, dass früher oder später Guarani auch in dieser Sphäre das Spanische verdrängen wird, was für das Land ein offenbarer Segen und eine grosse Garantie für seine Unabhängigkeit sein würde.

Die Brasilianische Provinz Matto grosso.

Zwischen dem Paraguay, Jaurú, Itenes und Madeira im Westen, und dem Paraná, Paranahyba und Araguava (Hauptnebenfluss des Tocantins) im Osten, breitet sich zwischen dem 7. und 23. südlichen Parallelkreis ein Gebiet aus, ziemlich 2½ Mal so gross als Frankreich, die Brasilianische Provinz Mattogrosso. Hier haben der Paraguay und die grössten Nebenflüsse des Amazonenstroms ihre Quellflüsse, die über gold- und diamantenreiche Geschiebe ihre Gewässer rollen. Zahllose schiffbare Ströme und Flüsse breiten ein Netz über das ganze Land aus, die Menschheit einladend, von dem reichsten Lande der Erde Besitz zu nehmen. Durch die Mitte der Provinz streicht von Osten nach Westen ein niedriges Gebirge, auf welchem die gedachten Zuflüsse des Rio de la Plata und des Amazonas entspringen, und von einem Ende zum andern, auf dessen beiden Abhängen, finden sich die reichen Lager von Gold, Diamanten und andern Edelsteinen. Ausgedehnte Viehweiden und Wälder, die aus den herrlichsten Bäumen, welche die kostbarsten Möbel- und Farbehölzer liefern, bestehen, wechseln mit einander ab und es ist zweifelhaft, ob der Reichthum des Pflanzen- oder der des Mineralreiches der Provinz höher anzuschlagen ist. An den Zuflüssen und in den Ebenen des Paraguay findet man zahlreiche Rindvieh- und Pferdeheerden, und die wenigen Einwohner bauen Zuckerrohr, Mais, Mandioc, Baumwolle im Ueberfluss, konnten aber bis jetzt, trotz der herrlichen Ströme, nichts verwerthen, weil die Regierung in Rio de Janeiro durch jedes Mittel dieses reiche Binnenland den Blicken der Fremden zu entziehen suchte und den Amazonenstrom absperrte, während auf der andern Seite Dr. Francia und Rosas diesen Cerberusdienst jener Regierung leisteten.

Um Villa Maria bedeckt eine natürliche Pflanzung von Ipecacuanha ein Areal von ein Paar Quadratmeilen. Bei einigem Fleisse könnte ein Mensch hier 15 Pfund Wurzeln täglich gewinnen. In Rio de Janeiro wird das Pfund mit circa 500 Reis (10 Silbergroschen) bezahlt. Nach Castelnau wurden in den Jahren 1830—1837 gegen 800,000 Pfund davon nach Rio de Janeiro auf dem Landwege, der 240 geogr. Meilen in gerader Richtung beträgt, geliefert, während Villa Maria an einem der schönsten Ströme der

Erde liegt, auf dem man mittelst eines Dampfbootes in weniger als 12 Tagen nach Buenos-Ayres gelangen könnte! Gleicherweise findet sich bei diesem Orte die Vanille häufig. Bei Castelnau's Anwesenheit daselbst kostete das Pfund 1,200 Reis (etwa 25 Silbergroschen Preuss.)!

Cuyabá, eine Stadt von 7000 Einwohnern, liegt an einem schönen schiffbaren Flusse, der in den Paraguay mündet, hat aber, Dank der Brasilianischen Politik, keinen andern Verkehr mit der civilisirten Welt als über Rio de Janeiro, wohin es die Waaren der Provinz, Rinderhäute, Jaguarfelle, Staubgold, Diamanten und Ipecacuanha, auf Saumthieren 250 geograph. Meilen weit befördert! Die Transportkosten für 4 Arroben werden zu 30 Millreis (etwa 20 Thaler Preuss.) veranschlagt, während der Wassertransport bis Buenos-Ayres für ein solches Gewicht kaum 2 Thaler Preuss. betragen würde, abgesehen von dem enormen Zeitverlust der mit dem Landtransport auf solcher riesigen Strecke, wo von Strassen nicht die Rede sein kann, verbunden ist. Es braucht nämlich eine solche Transport-Colonne gewöhnlich 10 bis 12 Monate, um von Cuyabá nach Rio zu gelangen! Europäische Waaren, die nach den Städtchen von Mattogrosso gelangen, werden oft für einen Preis verkauft, der 800 bis 900 mal höher ist, als wie in den Seestädten Brasiliens! 100 Pfund Eisen kosten gewöhnlich 48 Millreis, die Tonne Eisen 1056 Millreis; 100 Pfund Salz kosten dort 34 Millreis, das Fass Mehl 76 Millreis u. s. w. Bekanntlich liegt Cuyabá in dem reichen Diamantendistrict, und so fabelhaft es auch klingt, so kann man doch sagen, die Einwohner treten statt, wie anderwärts auf Pflaster, auf Gold und Edelsteine. Es ist eine Thatsache, dass die Kinder die Erde der ungepflasterten Strassen der Stadt waschen und reichlich Gold, zuweilen auch Diamanten dabei gewinnen. Nach einem starken Regengusse stürzen die Kinder und Sklaven auf die Strassen, um die blossgelegten Goldkörner zu sammeln! Castelnau erzählt, dass kurz vor seiner Ankunft in Cuyabá ein Eseltreiber, als er sich bückte, um von der Strasse einen Stock aufzuheben, einen Diamant von 9 Quilates (Karat) fand. Diese kostbaren Steine werden aber hauptsächlich in den Flüssen Ouro, Diamantino, Santa Anna *), Arinos, San Francisco und dem Paraguay gefunden. Auch der Sumidouro gilt als höchst reich an Diamanten.

Dieser fabelhafte Reichthum ist das Unglück der Provinz. Denn der Geiz der Brasilianischen Regierung, unfähig, diese reichen Schätze selbst zu heben, sucht in jeder nur denkbaren Weise die Provinz in Isolirung von der Welt zu erhalten, und man wird hoffentlich nun wohl die macchiavellistische Politik in Europa zu würdigen anfangen, die so emsig bemüht ist, die Entwickelung der Plataländer aufzuhalten und wo möglich die Mündung des La Plata in die Hände zu bekommen, um dieses Stromgebiet ebenso abzusperren, als das Amazonengebiet.

Ein brasilianisches Blatt äussert über die Geizhals-Politik des Brasilianischen Kabinets Folgendes:

„Es ist von jeher ein unwandelbares politisches System der Brasilianischen Regierung gewesen, die wunderbaren Hülfsquellen, den Reichthum und die Fruchtbarkeit des schönsten Landes der Welt (Mattogrosso) nicht allein dem Handel zu verschliessen, sondern sie auch der allgemeinen Beachtung zu entziehen. Unter den unermesslichen Schätzen, die hier vergraben und ungenützt ruhen, sind nach unserer Meinung das Gold und die edlen Gesteine die von geringerem Werthe. Es befindet sich zur Zeit in Rio de Janeiro das Original eines ertheilten Befehls aus der Zeit, als Humboldt in Südamerika reisste, kraft dessen jener grosse Mann gefangen gesetzt und aus dem Lande gejagt werden sollte, im Falle derselbe das Brasilianische Territorium betreten würde. Und noch ist es nicht drei Jahre her, dass die Regierung der Vereinigten Staaten sich an die Regierung Brasiliens mit dem Gesuch wandte, zu gestatten, dass ein Dampfschiff den Amazonenstrom

---

*) Ein Spanier Namens D. Simon, der sich mit seinen Sklaven nach dem Rio Sant' Anna begeben hatte, sammelte allein während der trockenen Jahreszeit, im Laufe von 4 Jahren 7000 Quilates Diamanten. Wir entnehmen diese Notizen einem interessanten Aufsatze des Correio Mercantil, einem der in Brasilien verbreitetsten Blätter.

hinaufsegele, um dieses Gebiet zu erforschen, nicht bloss im selbstischen Interesse der Vereinigten Staaten, sondern im Interesse des Handels und der Wissenschaft der ganzen Welt. Die Erlaubniss wurde nicht ertheilt, und die Folge davon war, dass zwei Seeofficiere beauftragt wurden, nach Lima abzugehen, die Anden zu übersteigen und den Amazonenstrom hinunter zu fahren, so gut sie es vermöchten. Einer dieser Officiere, der Lieut. Herndon, reiste vor Kurzem (nach den Vereinigten Staaten) zurück, um seinen Bericht abzustatten, der andere, Lieut. Gibbon, befindet sich noch auf der Reise."

Nach unserer Ueberzeugung hat das Brasilianische Kabinet noch einen ganz andern Grund für seine Politik, den es seither vortrefflich zu verdecken gewusst. Die herrlichen freien Länder im Stromgebiet des Rio de la Plata, insonderheit die nördlichen Argentinischen Provinzen, das Gran-Chaco, Paraguay, ferner: Bolivia, Peru und Ecuador können, wenn die Schifffahrt auf den Strömen frei ist, dieselben Producte in ungeheuren Massen, ja wie allgemein zugestanden wird, in noch schönerer Qualität als Brasilien, liefern. Der Preis dieser Producte würde wesentlich herabgedrückt werden, wenn es Brasilien nicht gelänge, fernerhin wie bisher die Ausfuhr aus jenen Ländern zu hindern. Die theure Sklavenarbeit kann unmöglich mit der Arbeit freier Leute die Concurrenz bestehen und es würde demnach die Sklaverei in Brasilien unhaltbar. Die freie Schifffahrt auf den Zuflüssen des Plata ist daher das wirksamste Mittel, den Sklavenhandel zu unterdrücken. Dieser Umstand erklärt zur Genüge das Verhalten des Brasilianischen Kabinets zu der Kolonisationsfrage und zu seinen Nachbarstaaten. Schwerlich wird die „Japanesische" Politik der Brasilianischen Staatsmänner noch ferner nennenswerthe Triumphe feiern. Europa und Nordamerika haben begriffen, dass sie es nicht nöthig haben, der Brasilianischen Sklaverei tributair zu sein, und dass es für ihre fortgeschrittene Industrie unendlich vortheilhafter ist, freie Arbeiter zu Abnehmern zu haben, die man hierfür befähigt, indem man ihre Producte, welche

Brasilien bisher von den Märkten fernzuhalten gewusst, in Austausch nimmt.

Bolivia.*)

In Mattogrosso und Bolivia haben die beiden grössten Stromgebiete der Erde ihre Wasserscheide, die von West nach Ost durch die Mitte der beiden Länder geht. Diese Scheidelinie beginnt in dem gigantischen Ostwalle der Cordillera unter 19° S. Br., geht nördlich bei Chuquisaca vorbei, zieht dann zwischen den beiden Granitkegeln Sicasica und Churuquella in südöstlicher Richtung nach Pomabamba, fällt darauf in die grosse Ebene, durch welche sie in einem gegen Südost gekehrten Bogen nach den Quellen des Itenes läuft und hier in die Provinz Mattogrosso tritt. Keine Bergreihe bezeichnet ihren Zug in der unermesslichen Bolivianischen Ebene, die in der Wasserscheide kaum merklich gebrochen erscheint, und mit fast unerkennbaren Senkungen südlich in das Gran Chaco, nördlich in die unermesslichen Selvas des Amazonenstroms verläuft.

Vermöge dieser Lage ist Bolivia, eines der interessantesten Länder der Erde.

Von der Küste des stillen Oceans gehört der Republik nur ein, 60 geogr. Meilen langer und 25—30 Meilen breiter, Streifen Wüste, den die himmelhohe Cordillera von dem übrigen Gebiete absondert, und in diesem traurigen Streifen liegt der einzige erbärmliche Seehafen Bolivias — Cobija.

Das gesammte der Republik angehörige Areal beträgt mehr als das Doppelte von ganz Deutschland. Die Zahl der Einwohner ist circa 1,400,000, mit Ausschluss von mehr als einer halben Million Indianer, die in absoluter Freiheit innerhalb der Grenzen der Republik leben. So gering auch die

---

*) Wir haben bei diesem Unterabschnitte ausser den grösseren Reisewerken von d'Orbigny, de Castelnau u. A. besonders die ausgezeichnete kleine Schrift von Herrn Leon Favre, k. franz. General-Consul und Geschäftsträger in Bolivia, welche unter dem Titel: „La Bolivie" im August 1853 in der Revue Contemporaine abgedruckt worden, und auch in einem besondern Abzuge zu haben ist, benutzt.

Zahl der Einwohner zu dem Umfange des Gebietes ist, so gebührt diesem Lande doch wegen des Reichthums seiner Producte und seiner Stellung zum Platagebiet die höchste Beachtung.

Bis jetzt drängte sich die Hauptmasse der Bevölkerung in dem gebirgigen Theile, der etwa die Hälfte des Landes begreift, zusammen. Der unerschöpfliche Reichthum dieser Hälfte an edlen Metallen hat es verschuldet, dass die östlich gelegenen, in jeder Beziehung von der Natur reicher ausgestatteten Provinzen, beinahe menschenleer geblieben sind.

In der westlichen Hälfte theilen sich, etwa unter 20° S.Br., die Anden in zwei gewaltige Ketten, die durch mehr als 8 Breitengrade nordwärts parallel laufen und ein 12,000 Fuss hohes Thal einschliessen, das sie noch um viele Tausend Fuss überragen, so dass ihre höchsten Gipfel im Nevado de Sorata 23,600 Fuss, im Nevado de Illimani 22,400 Fuss über dem Meere aufsteigen. Der See von Aullagas im Süden, und der Titicaca-See im Norden nehmen die Gewässer auf, welche aus den Quebradas*) der beiden Andenzweige in das Hochthal gelangen, welches der dichtbevölkertste Theil des Landes ist.

Die Centralpunkte für den Verkehr sind die Städte: La Paz (30,000 Einwohner) 11,400 Fuss; Cochabamba 7,900 Fuss, Potosi (20,000 Einwohner) 12,500 Fuss, und Chuquisaca, früher die Silberstadt genannt, Hauptstadt des Landes (26,000 Einwohner) 11,700 Fuss über dem Meere. Diese Mittelpunkte der Bevölkerung sind, wie ein Blick auf die Karte lehrt, weit von einander entfernt, und stehen nur durch höchst beschwerliche Saumpfade, die über wilde Gebirgsjoche führen, miteinander in Verbindung. Um zu einem Seehafen zu gelangen, sind die Andenketten ein- oder ein paar Mal zu übersteigen, und daher die Transportkosten ganz enorm. Deshalb

*) Von quebrar: brechen. Man bezeichnet mit dem Ausdruck „Quebradas" die schluchtenähnlichen Pässe in den Anden, in welchen sich die Flüsse und Ströme ihr Bett gebrochen haben, und die bei den Hauptflüssen, im weitern Laufe derselben, sich allmälig zu wirklichen Längen- und Querthälern erweitern.

beschränkt sich auch der Ackerbau, der bis zur Höhe von 13,000 Fuss betrieben wird, nur auf die Gewinnung der nöthigen Lebensmittel; für die Ausfuhr sind nur solche Producte geeignet, welche bei kleinerm Volumen einen sehr bedeutenden Werth haben, weshalb sich dieselbe gegenwärtig fast nur auf edle Metalle und Fieberrinde reducirt.

Es sind drei Wege, welche bis jetzt für den Verkehr mit dem Auslande benutzt werden konnten. Der eine, innerhalb des Gebietes der Republik, von Chuquisaca, Potosi und Cochabamba über den östlichen und den westlichen Andenwall durch die Wüste Atacama nach Cobija, welcher in gerader Richtung circa 100 geogr. Meilen beträgt; der zweite, von ziemlich gleicher Länge, gleichfalls über beide Andenketten, über Tacna nach dem Peruanischen Hafen Arica; endlich der dritte über Tarija, Salta, Tucuman nach Buenos Ayres, welcher circa 260 geogr. Meilen in gerader Richtung misst. Welchem von diesen drei Wegen der Preis grösserer Schwierigkeiten gebiert, ist schwer zu sagen.

Ein Blick auf die Karte lehrt sofort, dass die Natur den Verkehr dieses Landes nicht auf die genannten Wege gewiesen hat. Der Lauf der Ströme zeigt wohin derselbe sich wenden müsse. Die zahlreichen Quebradas in der östlichen Cordillera, welche die Strassen der Zuflüsse des Beni, Mamoré, Pilcomayo und Vermejo sind, sind ebenso viele natürliche Verkehrswege die in und aus dem Herzen des Hochlandes führen. Kaum sind die genannten Ströme zu den Vorbergen hinabgerauscht, so werden sie und ihre grösseren Zuflüsse schiffbar, und ihre Quebradas erweitern sich zu ausgedehnten, fruchtbaren Längen- und Querthälern. In die grosse Ebene eingetreten wird die Strömung immer ruhiger, und der Wasserreichthum der meisten gestattet die Schifffahrt auf- und abwärts das ganze Jahr hindurch.

Der bei weitem grössere Theil des Landes wird von den Strömen **Beni**, **Mamoré** oder **Guapai**, **Ubai** oder **S. Miguel**, **Baures** und den Grenzfluss **Itenes** oder **Guaporé**, durchschnitten, welche durch den gigantischen Madeira, wie der Mamoré nach seiner Vereinigung mit dem Beni genannt wird, den Verkehr auf den Amazonenstrom leiten. Auf diesem Wege ist der Bolivianische Verkehr in einer Strecke von mehr als 300 geogr. Meilen (nach geraden Linien gemessen), grossentheils durch unbekannte Wildnisse, auf die Protection Brasiliens, die wir genügend kennen, angewiesen. Diese unermessliche Wildniss, und der fortschreitende Verfall der Provinzen Pará und Mattogrosso, belehren durch den Augenschein, dass die Politik der sklavenhaltenden Pflanzer, der mittlern Küstenprovinzen Brasiliens, fürs Erste noch Alles aufbieten wird diese Wasserstrasse durch tausend politische Schlagbäume zu sperren. Dieses Hemmniss wird aber noch durch physische Hindernisse wesentlich vergrössert. Der Mamoré und Madeira hat nämlich von einem Punkte ab, der 26 Leguas stromabwärts von der Einmündung des Itenes liegt, nicht weniger als 17 Katarakten, in der Ländersprache Cachuelas genannt, die in kurzen Abständen aufeinanderfolgen. Die Beseitigung oder Umgehung dieser Schifffahrtshindernisse, durch Sprengungen und Kanalisationen, wird in diesen menschenleeren Wildnissen, unter einer glühenden Sonne, nicht sobald geschehen. Noch manche Generation dürfte darüber hinsterben, wenn die Ausführung dieses Werkes zum grossen Theil von der Brasilianischen Regierung erwartet werden müsste*).

---

*) Don Jose Augustin Palacios hat als Gouverneur der Provinz Moxos im Jahre 1846 eine sehr sorgfältige Recognoscirung der 17 Katarakten des Mamoré und Madeira unternommen und eine Beschreibung derselben veröffentlicht, die Herr Leon Favre in seiner Schrift aufgenommen hat, und die wir hier wiedergeben.

1) La cascade Guayara mini: Cette cascade est formée par une multitude de rochers, tantôt à fleur d'eau, tantôt saillants, tantôt au-dessous; elle embrasse un espace de 200 mètres, et la differenco de niveau est de deux pieds entre le commencement et la fin. Le fleuve se divise en une infinité de bras, dont l'eau se précipite avec violence; cependant, sur la rive occidentale, il existe un canal par lequel passent les barques chargées, en prenant quelques précautions. (Auch stromaufwärts?)

2) La cascade Guayara guazu: Elle se trouve à deux lieues de la précédente et provient des mêmes causes; son extension est de

Die Ströme Mamoré von der Cachuela Guayara mini aufwärts bis Azero, also über 140 geogr. Meilen; Itenes von

---

240 mètres, et la différence de niveau de deux à trois pieds. Les barques, conduites par des hommes pratiques, suivent un canal sur la même rive occidentale.

3) La Bananera: Elle a trois quarts de lieue de long (25 Leguas auf den Grad), bien que le danger n'existe que sur un espace de 304 mètres, où les eaux ont une différence de niveau de trois pieds. Cette cascade a, sur la même rive, un canal qui ne présente pas de grands risques à la descente, mais qui est plus difficile à la remonte, ce qui fait que, d'ordinaire, on decharge les barques et on les hâle. Les rochers qui forment la Bananera se dilatent au nord-oeust et donnent passage à l'effroyable cataracto du Yata et à la cascade Borda, dans le Beni. Elle est à quatre lieues (Leguas) de la précédente.

4) Le Palo Grande: A l'oeust se trouve un canal où les barques passent sans aucune difficulté.

5) Las Lajas: 224 mètres de longueur, avec différence de niveau de deux pieds, et canal occidentale aussi praticable que pour le précédente. Mr. Palacios pense qu'il suffirait de quelques traveaux de mine bien entendus pour améliorer considérablement les canaux de ces cinq cascades. Deux lieus plus bas que la cachuela de Lajas, se trouve le confluent du Mamoré, qui a 800 mètres de large, avec $6\frac{1}{2}$ brasses de profondeur. Le Beni se présente par deux emboucheurs, lá première a 640 mètres de large avec 15 brasses de fond, et la seconde, 360 mètres de large avec $6\frac{1}{2}$ brasses de profondeur. L'espace entre ces deux bras forme une ile contre laquelle s'amoncèlent les arbres charriés par les eaux, ce qui l'a fait appeler „Isla de la Madera", nom qu'on a donné ensuite aux deux fleuves réunis.

6) Non loin de cette ile se trouve la cachuela Madera, provenant de trois immenses gradins qui embrassent un espace de 800 mètres. On décharge généralement les barques, qu'on remorque pendant qu'on transporte les marchandises par terre. Le trajet à parcourir ainsi ne dépasse pas 80 mètres. La différence de niveau est de deux pieds, sur une longeur de 80 mètres.

7) A une demi-lieue plus bas se trouve la cachuela Misericordia, qui, toujours sur la rive occidentale a un canal où passent les barques chargées. Ce canal est dangéreux à cause de ses récifs dans les basses eaux; mais il ne présent aucune difficulté dans la saison des pluies. La différence de niveau est de deux pieds, sur 240 mètres.

8) La cachuela Riveron, à une demi-lieue plus bas: Elle est formèe

demselben Wasserfall aufwärts mehr als 115, Beni von seinem Katarakt Yata, gegen 90 geogr. Meilen aufwärts, für

---

de cinq chutes, sur un espace de 240 mètres. La différence de niveau, est d'un pied sur 64 mètres. On décharge les canots, que l'on remorque, transportant les marchandises par terre pendant un espace de 120 mètres.

9) L'Arara ou Higuera: Elle est à quatre lieues du Riveron. Le fleuve se divise en une foule de petits bras forment des îlots et semés de récifs. A l'oeust se trouve un canal où passent les barques avec quelque difficulté. La cascade a environ 320 mètres de longueur, et la différence de niveau est de deux pieds sur 240 mètres.

10) Douze lieues plus loin, on rencontre la Pedernera, qui a 360 mètre de longueur. Sa pente est peu considérable, mais les récifs sont tellement nombreux qu'on a l'habitude de décharger les barques et de transporter la marchandise par terre.

11) Le Paredon, trois lieues plus bas. Le fleuve, resserré dans un étroit canal sur un espace de 80 mètres, prend une rapidité effrayante, ce qui oblige les bateliers à déchargés les barques et à tout transporter par terre.

12) Six lieues plus loin se trouve la cascade de los Tres Hermanos, provenant de quelques chutes de peu d'importance, espacés sur une distance de 800 mètres. Mais la différence de niveau n'est que d'un pied sur 160 mètres, et les barques passent cette cascade sans décharger, principalement dans la saison des pluies.

13) La cascade de Giran, huit lieues plus bas. Ce n'est à proprement parler qu'un rapide occasionné par l'encaissement du fleuve; mais le courant est si fort qu'on est obligé de décharger les barques et de les transporter par terre, ainsi que les marchandises pendant un espace de 80 mètres.

14) A une lieue et demie de là se trouve le Calderon del Infierno sur un espace d'un peu plus de demi-lieue. La cascade est pleine de turbillons; mais les bateliers qui connaissent le fleuve les passent sans décharger les barques.

15) Six lieues plus bas, la cascade de los Morritos, sur un peu plus de 120 mètres, avec un pied de différence de niveau: on la passe sans difficulté; mais il faut bien connaître les récifs et les écueils sous l'eau.

16) La cascade de Teotonio, à quatre lieues de la précédente. Elle est formée par trois bancs de rochers qui coupent le fleuve, laissant quatre canaux pour le passage des eaux, qui s'y précipitent avec impétuosité. Vis-à-vis cette digue, sur la rive orientale, se trouve un amas de roches, qui, fermant toute issue à

grössere Fahrzeuge schiffbar, werden daher noch sehr lange hauptsächlich nur dem inneren Verkehr dienen, und dieser wird geweckt werden und sich überraschend schnell entwickeln, wenn der fabelhafte Pflanzen- und Mineralreichthum, der die Departements Majos und Chiquitos mit Mattogrosso auf eine Linie stellt, erst einen Ausweg nach dem Meer gefunden hat. Alle europäischen Reisenden, welche in diese Gegenden eingedrungen sind, von dem berühmten Haenke an, bis auf die neuern d'Orbigny und Castelnau, stimmen in der Bewunderung dieser Gegenden überein, und der letztgenannte, nachdem er das ganze tropische Brasilien, von Rio de Janeiro bis zur Bolivianischen Grenze, durchwandert hatte, gesteht, „nirgend ein so herrliches Land, eine so reiche Vegetation, die continuirlich mit jedem Schritt, den man vorwärts macht, dem Auge neue Gegenstände darbietet, angetroffen zu haben, als in diesem Thale des Madeira." Orangen, Limonen, Feigen, Papayos (Carica papaya), Melonen, Wassermelonen, Cherimoyas (Anona cherimolia); Ananas u. s. w.,) die letzteren in grossem Ueberflusse wild in den Wäldern von Chiquitos, wachsen und gedeihen mit Ueppigkeit, Jalapa, Quina oder Fieberrinde. Sassaparilla, Vanille, Urucú (Orlean), Copaiba (Copaifera officinalis), Ipecacuanha, Copal, Cautschouk u. s. w. werden in Chiquitos in grossen Massen gesammelt; die Wälder enthalten die kostbarsten Farbe- und Tischlerhölzer in unendlicher Menge. Zuckerrohr kann schon 8 Monate, nachdem

---

l'ouest, forcent les eaux à se frayer une sortie entre l'extrémité de l'encaissement et la rive gauche. On tire les barques à terre, et on les transporte à une distance de 384 mètres.

17) Une lieue plus bas, on rencontre la cascade de San-Antonio, formée par deux masses de rochers qui divisent le fleuve en trois bras. Le courant est très considérable, ce qui oblige à décharger les barques et à transporter les marchandises par terre pendant un espace de 112 mètres. C'est la dernière cachuela située au 8° 48′ latitude sud, à trente lieues de la plaine de Tamandua. De là à la mer, on ne rencontre d'obstacles d'aucune nature. Les frégates tirant de deux à trois brasses remontent facilement jusqu'à Tamandua, poussées par le vent du Nord, qui souffle constamment.

es gepflanzt worden, geerndtet werden, Kaffee liefert in Chiquitos schon nach zwei Jahren, nachdem der Strauch gepflanzt worden, Früchte; Cacáo, kürzlich hier erst eingeführt, giebt Früchte nach drei bis vier Jahren, der Tamarindenbaum trägt in Chiquitos nach fünf Jahren. Baumwolle giebt jährlich zwei Erndten und wächst in Otuquis wild. Es giebt zwei Sorten, gelbe und weisse Baumwolle. Der Tabak wächst fast ohne alle Kultur. Von Indigo giebt es drei Sorten, eine in grosser Menge wild. Der Mais reift in drei Monaten in jeder Jahreszeit, Manjoc kann nach 8 Monaten geerndtet werden. Vom Reis hat man zwei Sorten und man erndtet ihn in Chiquitos alle 5 bis 6 Monate; man behauptet, dass er in dieser Provinz auch wild wachse. Wahrlich, das sind Elemente für einen grossartigen Verkehr, der die Ströme Bolivia's beleben wird von dem Augenblicke an, wann die ersten Dampfer den Paraná und Paraguay hinaufsteigen, die ersten Handelscomptoire an diesen Strömen gegründet sein werden. Bis jetzt war all' dieser Reichthum unnützer Luxus, nur Wachs und Quina wurden von hier nach Chuquisaca und von dort auf den obengenannten Wegen weiter befördert! Unter solchen Umständen mussten die reichsten Länder der Erde in trostlose Armuth und in Barbarei versinken, und dies ist die Folge der Politik des „grossen" Rosas und der „humanen" Regierung Brasiliens gewesen. Die freie Schifffahrt auf den Zuflüssen des La Plata ist vertragsmässig festgestellt, und die gewaltigen Interessen der ganzen civilisirten Welt, einmal allgemein erkannt, sind nicht wieder durch kleinliche Intriguen in Vergessenheit zu bringen.

Wie wir gezeigt haben, ist Bolivia mit seinem Verkehr auf den Paraguay angewiesen. Es sind drei Richtungen, welche dabei in Betracht kommen können.

Dem Pilcomayo würde der Vorzug vor den beiden andern Richtungen ohne Widerrede gebühren. Alle Versuche aber, ihn zu befahren, sind bisher misslungen, und sein niedriger Wasserstand in der trockenen Jahreszeit, seine vielen seichten Stellen, seine starke Strömung, der Katarakt von Guarapetendi, und andere Umstände, werden noch lange von der Benutzung dieses Stromes absehen lassen. Es bleiben demnach nur noch der Bermejo und Otuquis in Betracht zu ziehen.

Was wir oben, an verschiedenen Stellen*), über den Bermejo angeführt, kann uns nicht für die Ansicht stimmen, dass dieser Strom die Haupthandelsstrasse für Bolivia werden könne, so unschätzbar auch sein Werth für die nördlichen Argentinischen Provinzen, die Kolonisation des Gran Chaco und für die Bolivianische Provinz Tarija ist. Bestätigt sich die Ansicht Weddels, die wir, nach sorgfältiger Prüfung der vorliegenden Thatsachen, theilen müssen, dass der Strom für die Bergfahrt nur einige Monate des Jahres zu benutzen sein wird, so liegt schon hierin eine grosse Beschränkung seines Werthes. Den reichsten Provinzen Bolivias liegt er ohnehin zu fern, um auf ihren Verkehr eine sonderliche Wirkung äussern zu können; aber auch für die Centralpunkte Chuquisaca, Potosi und Cochabamba gewährt er nicht die wünschenswerthen Verkehrserleichterungen. Die Waaren, welche auf dem Bermejo bis Juntas de S. Francisco (Verbindungsstelle des Bermejo mit dem Rio grande de Jujui) gelangen, sind durch Maulthier-Caravanen, nach dem von hier noch 30 geographische Meilen entfernten Tarija, und in derselben Weise nach dem noch mehr als 40 Meilen entfernten Chuquisaca zu transportiren und denselben beschwerlichen Gebirgsweg von mehr als 70 Meilen (in gerader Richtung) haben die Ausfuhrartikel von Chuquisaca nach Juntas de S. Francisca zu nehmen. Der Flussweg von hier bis Buenos Ayres würde nach geraden Linien gemessen, noch 215 Meilen sein, und die Transportkosten auf demselben allerdings kaum den vierten Theil von denen des Landweges von Juntas de S. Francisco über Tucuman nach Buenos Ayres betragen. Jedenfalls wäre auch dieser Weg um mehr als 100 geogr. Meilen kürzer, als der durch den Madeira und Amazonenstrom.

Auch Leon Favre**), welcher den Bermejo so warm em-

---

*) Seite 27, 52.

**) La Bolivie, p. 57.

pfiehlt, ist genöthigt anzuerkennen, dass die Culturzweige von Santa-Cruz, Mojós und Chiquitos wohl einen andern Verkehrsweg suchen müssten, und deutet denselben mit folgenden Worten an. „Es ist schon lange Jahre her, dass ein kühner und intelligenter Mann daran dachte, mittelst Kolonisation von allen diesen bisher brachgelegenen Reichthümern Nutzen zu ziehen. Unterm 17. November 1832 concedirte die Bolivianische Regierung dem Herrn Luis de Oliden ein ausgedehntes Gebiet, am Otuquis, in geringem Abstande von der Einmündung dieses Flusses in den Paraguay belegen. Der Concessionaire sollte während 50 Jahren den Einschiffungshafen besitzen, und alle eingeführten Waaren sollten nur einer Abgabe von 5 pCt. unterliegen. Der Congress hatte die wichtigen Vortheile, welche zur künftigen Kolonisation dieses Etablissements anlocken sollten, ratificirt *). Herr Oliden hatte sich mit den brittischen Auswanderungsgesellschaften in Verbindung gesetzt, und alle seine Maassnahmen, die Arbeit mit Eifer zu beginnen, getroffen. Er hatte seine Rechnung ohne die Hindernisse der Uferstaaten gemacht, und die Sperrung des Paraguay (durch Rosas) machte jede Möglichkeit des Gelingens fehlschlagen. Heute, nach zwanzig langen Jahren Wartens, ist die Schifffahrt auf dem Punkte, sich zu verwirklichen, und Herr Oliden nimmt seine früheren Projekte wieder auf. Sein Erfolg wird eine Aufmunterung sein, ähnliche Etablissements zu gründen, und seine vollkommen wohlgewählte Position wird gestatten, die Provinzen Mojos und Chiquitos zu nutzen." Wir gehen aber weiter in unsern Urtheilen über die Position des Otuquis, denn wir behaupten, dass Bolivia, d. h. die ganze Republik, mit Ausnahme **vielleicht** des Departements von Tarija, und der Hochebene zwischen den beiden Cordillera-Zweigen, für die Gegenwart und eine sehr geraume Zukunft, keine wohlfeilere, bequemere und von dem Wechsel der Jahreszeiten unabhängi-

*) Siehe die Privilegien Olidens in Beilage Nr. IV.

gere Verkehrsstrasse erlangen kann, als die über Otuquis.

Seit mehreren Jahren mit dem Studium der Verhältnisse der Plataländer ernstlich beschäftigt, hatte ich die eben ausgesprochene Ueberzeugung längst gewonnen, als mir Herrn Weddels: „Voyage dans le Sud de Bolivie" in die Hände fiel, und es hat mir keine kleine Freude gemacht, zu finden, dass ich in meinem Urtheile mit dem dieses ausgezeichneten Reisenden zusammentreffe, welcher sich. pag. 359 der gedachten Schrift, wie folgt äussert: „Die Vortheile, welche die nördlichen Provinzen des La Plata von der Schifffahrt auf dem Bermejo ziehen würden, werden nothwendiger Weise sehr gross sein, indessen, für Bolivia würde ein Landweg, direkt durch das Chaco, im Norden des Pilcomayo eröffnet, indem man ihm eine Richtung gäbe, die ihn den Ueberschwemmungen des Pilcomayo und des Paraguay selbst entzöge, noch viel reellere Vortheile darbieten."

Ein solcher Landweg, wenn auch in sehr mangelhaftem Zustande, bestand schon in früheren Zeiten und namentlich waren die Jesuiten bemüht, ihr Reich über Chiquitos bis in die Anden, woselbst sie unter vielen andern die äusserst wohlgewählten Missionen Abapo und Azero gegründet hatten, auszudehnen. Hätte man sie nicht in ihrem grossen Plane gestört, so wäre der Handel des silberreichen Peru in ihre Hände gefallen, und derselbe ein gewaltiges Mittel zur Befestigung ihrer Herrschaft geworden. Die spanische Regierung wusste mit der grossen Erbschaft nichts anzufangen. Sie liess die Missionen verfallen, die der Civilisation gewonnenen Indianer misshandeln und in die alte Barbarei zurücksinken, und dachte noch viel weniger daran, den mühsam halbgeöffneten Verkehrsweg zu verbessern. Dr. Francia und Rosas thaten später das Uebrige durch die Sperrung des Paraguay, und man darf sich daher kaum wundern, wenn man hört, dass selbst die Tradition über die frühere Existenz jener Verkehrsrichtung verschwunden ist.

Dieser ältere Weg, von Santa-Cruz de la Sierra nach

dem östlichen Chiquitos, spaltet sich in zwei Richtungen. Die nordöstliche führt nach S. Xavier, die mehr östliche nach S. José, beide Richtungen aber durch einen dichten Wald von 30—40 geogr. Meilen Breite, der bald beginnt, nachdem man den Rio grande (Guapai, später Mamoré genannt) überschritten hat, und der sich vom 14. bis zum 20. Breitengrade erstreckt. Die Ströme Rio grande und Parapiti, nachdem sie die letzten Strebepfeiler der Anden verlassen haben, treten in ein weites Becken, das die Gewässer, welche in den Sandsteinfelsen der Anden jene gewaltigen, mehrere tausend Fuss tiefen Quebradas ausgewaschen, mit Alluvium, namentlich mit Sand, ausgefüllt haben, der in weiten Strecken um Santa-Cruz de la Sierra herum, gleich dem Sande der Dünen der Ostsee, der Dünen Frankreichs u. s. w., ein Spiel des Windes ist. Der Parapiti durchfurcht ihn in der trockenen Jahreszeit nur mühsam, und in der Regenzeit überfluthen die beiden genannten Ströme grossentheils diese ganze gewaltige Fläche. Gleich aber nachdem man den Parapiti ostwärts überschritten hat, erhebt sich der Boden über diese Ebene zu einem sanft wellenförmigen, den Ueberschwemmungen entrückten Hügellande, dessen Bedeckung älteres Alluvium ist, das mehr oder minder mächtig, durchweg, auf dem ganzen östlichen Gebiet von Chiquitos und Otuquis bis zum Itenes und Paraguay, auf Gneis lagert, der auch in zahlreichen einzelnen Kuppen und vielen kürzern und längern Sierras oder Bergzügen sich über das allgemeine Niveau des Landes 300 bis 700 Meter hoch erhebt. Diese letzten Formationen liegen, wie wir sehen, auf der Wasserscheide des Amazonen- und des Platagebietes. Alle Nachrichten sprechen ferner von einer Sierra Yoyvida, etwa unter dem 20. Breitengrade, auf welcher der Latiriquiqui, der dem Otuquis, und der Rio Yoyvida, der dem Pilcomayo zufliesst, ihre Quellen haben. Auch diese Sierra liegt in dem Bogen der Wasserscheide, dem Durchschnitt der Pampas-Ebene mit der Bolivianischen Ebene, von dem wir oben gesprochen. Endlich wissen wir aus Weddels Reise in das Gran Chaco, dass nördlich von dem Ufer des Pilcomayo und östlich von der Sierra de Abarenda, dem letzten Strebepfeiler der Anden in dieser Gegend, sich ein herrliches Hügelland erstreckt, das offenbar auch ein Theil der Wasserscheide ist, die von Pomobamba im Bogen durch das Chaco geht. Wir halten uns daher für berechtigt, dieselbe Bildung auch weiterhin von hier ab durch den unbekannten Rest unsers Bogens bis zur Sierra de Yoyvide und der Sierra de S. José an der westlichen Gränze der Provinz Otuquis anzunehmen, um so mehr, als wir in dieser supponirten grössern Erhebung die Ursache zu erblicken glauben, welche die Ströme Parapiti und Rio grande nöthigt, eine plötzliche Wendung gegen Norden zu nehmen, gegen den sie mit „starker" Strömung eilen.

Hiermit, glaube ich, ist die Richtung im Allgemeinen bezeichnet, den der Landweg zu nehmen hat. Er würde also aus der Provinz Otuquis auf der gedachten Wasserscheide gegen die Quebrada des Pilcomayo, und von hier in einen andern Zweige gegen die Quebrada des Parapiti nach Pomabamba führen. Und es unterliegt keinem Zweifel, dass auch ein den Ueberschwemmungen nicht ausgesetzter, guter, fahrbarer Landweg längs den letzten Contreforts der Anden, zwischen dem Parapiti und Rio grande, herzustellen wäre, der etwa Abapo gegenüber, den letztern Strom erreichte, bis wohin auf dem Mamoré die Waaren von Mojos leicht gelangen können. Dadurch wäre man den Centralpunkten Potosi, Chuquisaca und Cochabamba so nahe als möglich mit einem Fahrwege gekommen, der zu allen Jahreszeiten brauchbar und insofern leicht herzustellen wäre, als voraussichtlich keine bedeutenden Terrainschwierigkeiten zu überwinden sein dürften. Eine Eisenbahn, nach nordamerikanischem Muster wohlfeil ausgeführt, dürfte die rentabelste Unternehmung sein, wenn man den riesigen Verkehr in Betracht zieht, der mit einem solchen Wege im ganzen Gebiet der Republik geweckt würde.

Um einigermaassen davon eine Vorstellung zu geben, wollen wir noch weiter einen Blick auf einige Hauptproductionen Bolivias werfen.

Obenan stehen, wegen der Kostbarkeit der Transportmittel, heute wie in früheren Zeiten die Producte des Bergbaues, besonders die Gewinnung des Silbers, an welchem Metalle Bolivia bekanntlich überreich ist. Aber, trotz dieses unermesslichen Reichthums, ist in dem letzten halben Jahrhundert der Bergbau immer tiefer gesunken, und es ist nicht ohne Interesse, die Ursachen, welche diese Erscheinung herbeigeführt haben, kennen zu lernen. Dalence fasst dieselben in folgenden Worten zusammen *): „Der Bau auf Gold und Silber ist sehr herabgekommen, aber nicht durch die Beschaffenheit der Minen selbst verschuldet. Die Spanier arbeiteten ohne Ordnung, ohne Regel, ohne irgend eine Vorsicht, die man um die Verlängerung der Arbeit oder um das Eindringen der Gewässer fernzuhalten, sonst zu nehmen pflegt. Von dem Augenblicke an, wo diese sie erreichten, verliessen sie die Mine, indem sie sehr selten Gallerien oder kostbare Schachte begannen, um bis zur Erschöpfung (der Mine) zu gelangen. Zu diesen Ursachen gesellten sich der allgemeine Aufstand der Eingebornen 1781, der Krieg zwischen Spanien und England und der Unabhängigkeitskrieg. Das Quecksilber fehlte 1802; das Jahr 1804 hat eine traurige Berühmtheit erhalten durch die furchtbare Trockenheit, in deren Gefolge der Hunger und die Pest erschienen. Die reiche Provinz Lipez verwandelte sich in eine Wüste, die 90 Haupthütten von Potosi wurden auf 13, und die von Oruro auf 8 reducirt. Dann drangen die Royalisten ein und verbrannten diese, als eben so viele Citadellen der Insurgenten. Später vollendeten forcirte Anleihen, ungeheure Contributionen den Ruin der Kapitalien und der Kapitalisten. Die intelligenten Bergleute, die geschickten Schmelzer, verschwanden, und diejenigen, welche wissen, welche Fonds nöthig sind, um diese Industrie wieder in Gang zu bringen, wenn es weder Hütten, noch Schmelzer, noch Bergleute mehr giebt, werden sich nicht über den Zustand unserer Minen nach so vielen Kalamitäten verwundern." Leon Favre fügt dem bei, dass dieses trostlose Gemälde in jedem Punkt wahr sei, und dass Bolivia, welches, wie wir gesehen haben, sich seither in die Unmöglichkeit ver-

*) Leon Favre, La Bolivie, pag. 23.

setzt gesehen, seinen Ackerbau zu entwickeln, fast eben so wenig Aussichten für seine Minen hat, wenn nicht europäische Kapitalien diesem Industriezweige neues Leben einhauchen. Die eindringenden Tagwasser sind kein so grosses Hinderniss für die Ausbeutung der Minen, aber, um sie zu entfernen, muss man Maschinen anwenden, deren Beschaffung für die gegenwärtigen Unternehmer viel zu kostspielig ist. In ganz Bolivia existirt bis jetzt noch nicht eine einzige Dampfmaschine. Die armen Bergleute arbeiten zu Tage am Tage *). Nur eine europäische Einwanderung kann die Republik zu neuem Leben verhelfen, und diese Einsicht ist in Bolivia längst allgemein geworden, wovon die Bestrebungen des Congresses und der Regierung, das Land dem Verkehr des Auslandes und der Kolonisation zu öffnen, den besten Beweis in Hände geben.

Der Cerro von Potosi, ein gewaltiger Kegel von 1500(

*) Im Jahre 1846 zählte man:

In der Prov.	Potosi	26	Silberminen in der Bearbeitung,	1800	verlass
- - -	Porco	33	- - - -	1519	-
- - -	Chayanta	8	- - - -	130	-
- - -	Chicas	22	- - - -	650	-
- - -	Lipez	2	- - - -	760	-
- - -	Oruro	11	- - - -	1250	-
- - -	-	—	Goldminen - - -	200	-
- - -	Poopo	15	Silberminen - - -	316	-
- - -	Carangas	4	- - - -	285	-
- - -	Siasica	9	- - - -	320	-
- - -	Inquisivi	5	- - - -	160	-
- - -	Araca	4	Goldminen - - -	—	-
- - -	Sorata	7	Silberminen - - -	500	-
- - -	Arque	2	- - - -	100	-
		148	Minen in der Bearbeitung,	7955	verlass

In diesem Verzeichnisse sind die Goldminen von Berenguela Chayanta und Choquecama, und die Silberminen von Ayopaya, di alle aufgegeben sind, gar nicht einmal erwähnt Mindestens zwe Drittel der Silberminen sind wegen Eindringen der Tagewasser aufgegeben und die Wiederaufnahme der Goldminen erfordert solche Kapitalien, welche die gegenwärtigen Besitzer nicht im Stande sind aufzubringen. (L. Favre, La Bolivie, pag. 24).

Fuss Höhe über dem Meer, ist ohne Widerrede das reichste Metalllager der Erde. Seit dessen Entdeckung bis zum Jahre 1846 hat man aus ihm die fabelhafte Summe von 1,651,721,578 span. Thaler entnommen, und es ist sein Reichthum noch ungeschwächt. Selbst heute noch, obgleich man keine einzige Maschine, kein verbessertes Verfahren, wie es der Fortschritt der Wissenschaften seit 100 Jahren an die Hand gegeben, anwendet, liefert der berühmte Kegel noch jährlich über 100,000 Thaler.

„Der Cerro von Potosi ist aber nur ein hervorragender Punkt in einer Metallkette, welche ohne Vergleich in der ganzen Welt dasteht." Ihm stehen würdig zur Seite, in der Provinz Potosi selbst, die Minen von Gariguari und Machamarca, die Minen der Provinzen Lipez, Chicas, Porco, Chayanta, wo die berühmte Gruppe von Aullagas, „in welcher die Kuppen (mornes) von Silber sind", welche seit 60 Jahren verlassen, kürzlich wieder in Angriff genommen sind, und in kurzer Zeit 3 Millionen span. Thaler geliefert haben. Die Provinz Arque ist nicht weniger ihrer reichen Silberminen wegen berühmt, desgleichen die Provinz Oruro, welche früher Potosi fast gleich stand, und der Krone Spanien allein 40 Millionen Piaster, als Fünftheil Abgaben von ihrer Silberproduction, geliefert haben soll. Der Canton Salinas hat eine Sierra von 20 Leguas Länge, die in der ganzen Länge von einer reinen Silberader durchsetzt wird, die man aber bisher wegen Mangel an Maschinen und Transportmittel, nicht hat in Angriff nehmen können. Fast in der ganzen Andenkette von La Paz bis Tarija, wo man, am letztern Orte, kürzlich ein reiches Lager in der Cordillera d'Yscayache entdeckt hat, giebt es fast keine Erhebung, die nicht eine Beisteuer an Silber zu liefern vermöchte, und merkwürdiger Weise hält sich die Linie, wo das Silber am reichsten angetroffen wird, in der Nähe der Schneegränze. Man kann wohl sagen, dieser silberne Wall hat Bolivia bisher vom Weltverkehr abgesperrt und verschulde seine gegenwärtige Armuth.

Nicht minder reich ist die Republik an Gold. Die reichen Minen der Provinz Chayanta, Copasica, Amayapampa,

Chuita, Taconoui und Choquenta sind berühmt, aber ihnen stehen nicht nach an Ausbeute die Wäschereien am Rio S. Juan (Pilaya), in der Provinz Tarija, wo das Klima vollkommen gesund ist. In der Provinz Tomina, bei Pomabamba, hat man in der Nähe des Pilcomayo ein unermessliches Terrain entdeckt, in dessen aufgeschwemmtem Erdreich überall Goldstückchen vorkommen. Bei Choquemata im Departement Cochabamba befinden sich zwei Goldlager (veneros), welche bereits gegen 40 Millionen Piaster geliefert haben. Die Zuflüsse des Beni auf der linken Seite rollen fast sämmtlich reichlich Gold; berühmt wegen ihres grossen Reichthums an diesem Metalle sind insonderheit der Choquecamata, Chacuyo, Pocotani, Tipuani u. a. m.

In dem Berge von S. Tomas, in Chiquitos, kennt man eine Goldader, welche sich 20 Leguas weit erstrecken soll, und weiterhin im Lande der Guarayos (an der Gränze von Mattogrosso) findet sich in der Hügelreihe „der berühmte Cerro von San Simon, aus welchem die Jesuiten Haufen von diesem Metall herauszogen." In der Provinz Apolobamba, im Gebiete des Beni, kommt das Gold in reichem Ueberflusse vor. Das Departement la Paz ist längst wegen seines Goldreichthums berühmt. Doch genug von diesem unermesslichen Reichthum an edlen Metallen, der ungenützt über das ganze Gebiet der Republik verbreitet ist.

Von dem übrigen Mineralreichthum giebt Herr Leon Favre ein Verzeichniss, dem wir das Folgende entnehmen:

Alabaster. — Der Bruch einer Ader des schönsten Alabasters, der dem orientalischen von Calacoto gleichkommt, findet sich im Departement La Paz. Man fertigt daraus Leuchter, Tafelplatten u. s. w.

Alcali, mineralisches (sogenannter Chili-Salpeter). — Bei Clisa, Atacama, Tomina.

Alaunstein. — Bei Inquisivi eine starke Ader, ebenso rein als der beste römische. Zerreiblicher Alaun kommt vor bei Sicasica, Carangas, Poopo, Oruro. Federalaun bei Porco, Chayanta, Cercado, Oruro u. a. m. a. O.

Antimon. Sehr schön, fast rein, bei Poopo, sonst auch bei Sicasica, Cercado de Oruro, Chicas, Porco u. s. w.

Asphalt. — Verschiedene Minen bei Tarija.

Arsenik, Realgar, Auripigment, in fast allen Silberminen.

Bergseife. — Departement Tarija.

Blei. — Ungemein häufig, meistens mit dem Silber zusammen vorkommend. Es wird in Bolivia bis jetzt für nichts geachtet.

Bergkrystall. — In verschiedenen Farben, häufig.

Elaterit. — Bei Tarabuco.

Edelsteine. — Topaze, Smaragde, Opale, Jaspis und Lapis lazuli in Lipez und Atacama; Hyazinthe und Opale bei Santo Corazon in Otuquis *); Topaze und Amethyste bei Candelaria im Departement Oruro.

Eisen. — Dieses Metall, so häufig es auch verkommt, wird nirgend gewonnen. Man findet es in den reichsten Erzen bei Sant' Ana in Chiquitos, in der Sierra de Sunsas, zwischen einer gewaltigen Vegetation, zwei Leguas von Santo Corazon, in Otuquis. Im Gebiete des Beni bei S. Ramon und Santiago Brauneisenstein, und das Land hat Ueberfluss an Kohlen, besonders sind Mojos und Chiquitos damit reich versehen.

Gelberde und Kieselguhr, bei Potosi, Oruro, Tarija u. a. O.

Glaubersalz. — In allen hochgelegenen Pampas in grosser Menge.

Holz, bituminöses. — In der Nähe von Tarapaco, in der untern Atacama, Tarija.

Kaolin. — Kommt in demselben Lager mit Porzellanspath (pètunt-sé) vereint bei S. Juanillo, Provinz Oruro, vor.

Kobalt. — Bei Sicasica, Cercado de Oruro, Lipez, Atacama und Chicas.

*) Ebendaselbst hat man, nach einem Bericht des D. Sebastian Rancos, zur Zeit als derselbe Gouverneur von Chiquitos war, Diamanten vom schönsten Wasser in den Bächen bei diesem Orte (Santo Corazon) gefunden.

Kupfer. — In ungeheurer Menge verbreitet, und kommt fast überall da vor, wo das Silber sich findet, mit letzterm und auch mit Gold verbunden. Reiche Lager bei Lipez, Tarija, in der Wüste Atacama. Häufig kommt es rein vor, streckbar wie gereinigtes Kupfer. Nur bei Corocoro, wo es in Blättchen im Sande gefunden wird, gewinnt man es meist durch Wäsche (1846 im Werth von 246,000 sp. Thaler).

Magnesia. — Bei Cercado de Oruro, Chicas, Lipez, Atacama.

Naphtha. — Provinz Tarija.

Quecksilber. — Gediegen im rothen Thon bei Potosi, in kleinen Adern bei Omasuyos, bei Chayanta.

Salz. — Gemeines Kochsalz in den grossen Seen bei Pacages, Carangas, Poopo, in Chiquitos, Porco. — Steinsalz in der obern Atacama, bei Potosi, S. Luiz im Departement Tarija.

Steinkohlen. — Bei Tejahuani, in der Nähe von Chuquisaca, Taguapalca (Cercado de la Paz); Chorreto, Provinz Azero; Chulchani, Provinz Porco; Tarabuco.

Schwefel. — Reiner, natürlicher, bei Carangas, Lipez, Atacama, Chayanta, Porco, Tamina, in bedeutenden Massen.

Vitriol. — Zinkvitriol bei Coribiri, Chicas, Cercado de Oruro, Lipez, Pacages, Porco, Chayanta. — Kupfervitriol in gewaltigen Adern in Lipez, in Krystallen in allen Silberminen.

Wismuth. — Rein in Geschieben in der Quebrada von Coribi.

Zinn. — Bei Uncia, in der Provinz Chayanta und im Departement Oruro.

Zink. — Als Blende in allen Silberminen.

Alle diese reichen Schätze des Pflanzen- und Mineralreichs sind zu heben, seit die freie Schifffahrt auf den Strömen des La Plata vertragsmässig gesichert worden ist. Unter allen Plata-Staaten muss namentlich Bolivia einen unermesslichen Aufschwung nehmen, wenn die von uns angedeuteten Communicationen von Otuquis mit den Quebradas des Pilcomayo, Parapiti und Rio grande, und die Dampfschifffahrt auf dem Bermejo hergestellt werden, und zu solchen Unternehmungen laden schon die gegenwärtigen, so überaus mangelhaften Productionen Bolivias, einen reichen Gewinn versprechend, ein.

Mit der Eröffnung dieser neuen Verkehrswege, namentlich desjenigen über Otuquis, werden die Waaren nicht mehr den Weg um Cap Horn und über Cobija und Arica, sondern über Otuquis, Asuncion, Buenos-Ayres und Montevideo nehmen.

Die heutige Einfuhr allein über Cobija beträgt über 2 Millionen Piaster *), und die Ausfuhr hat mindestens denselben Werth. Die Schwierigkeit des Transports durch die Wüste und über die Anden verhindert Bolivia, seine zahlreichen Producte auf diesem Wege in den Verkehr zu bringen, und dadurch ist das Land in die Lage versetzt, auf eine umfangreichere Aneignung der europäischen Erzeugnisse verzichten zu müssen. Nach Leon Favre beträgt die Fracht von Europa nach Cobija 21 Piaster per Tonne (1000 Kilogrammes); von Cobija nach Chuquisaca für dasselbe Gewicht 256 Piaster **)! Da nun die allein über Cobija gehende Einfuhr für Chuquisaca und den Süden und Westen 15941 Tonnen beträgt, so ergiebt dies an Frachtspesen des Landtransports für die eingeführten Waaren die ungeheure Summe von mehr als 4 Millionen Piaster, während der Werth der aus- und eingeführten Waaren in Cobija auch nur circa 4 Millionen beträgt.

Ein nicht unbedeutender Theil der Ein- und Ausfuhr Bolivias geht aber über Arica, über deren Betrag inzwischen nichts Bestimmtes gesagt werden kann. Auch über Tucuman, Salta, Tarija geht ein grosser Theil des Verkehrs, der auf beiden Wegen nicht geringere Spesen als über Cobija fordert. Wir werden wohl der Wahrheit ziemlich nahe kommen, wenn wir den Gesammtbetrag der Frachten für die auf diesen drei Landwegen aus- und eingehenden Waaren zu 6 Millionen

---

*) Im Jahre 1846 nach officiellen Angaben 2,457,781 Piaster.

**) Leon Favre, La Bolivie, pag. 50.

Piaster veranschlagen *). Und dazu kommt nun noch die Seefracht (21 Piaster per Tonne) von Cobija nach Europa und umgekehrt!

Nimmt der Verkehr seinen Weg über den La Plata und Otuquis, so stellen sich die Frachten etwa wie folgt:

Von Europa bis Buenos Ayres per Tonne oder 1000 Kilogramme	10 Piaster.
Die Wasserfracht von hier bis Asuncion beträgt per Arroba 2 Realen, bis Otuquis höchstens 4 Realen, macht per Tonne	40 „
Unser Landweg von Otuquis bis in die Nähe von Pomabamba beträgt circa 70 geogr. Meilen, ist demnach um 10—15 Meilen kürzer, als der Landweg von Buenos Ayres nach Cordova. Setzen wir dessen ungeachtet auf beiden Wegen die Frachtpreise gleich, d. i. 4 Realen per Arroba, also per Tonne . . .	40 „
Der noch übrig bleibende Gebirgsweg bis Chuquisaca ist um wenigstens 10 Meilen kürzer und aller Wahrscheinlichkeit nach bequemer, als der Weg von Tarija dorthin. Dessen ungeachtet wollen wir die Frachtpreise gleich annehmen, d. i. 7 Piaster für 10 Arroben, oder für die Tonne	56 „
Macht Fracht von Europa über Otuquis bis Chuquisaca per Tonne	146 Piaster.

Wir haben absichtlich die denkbar höchsten Preise angenommen; es ist aber wohl klar, dass eben deswegen in der Wirklichkeit, und bei Anwendung bequemerer Transportmittel, die Fracht auf diesem Landwege sich leicht um 30 Piaster per Tonne ermässigen würde. Auch der Wassertransport von Buenos Ayres bis Otuquis wird, zumal bei der bald eintretenden Concurrenz sich leicht um weitere 10 Piaster ermässigen. Unter allen Umständen bleibt die

*) Eine andere Schätzung nimmt dieselbe zu einer Million Pfund Sterling an.

Fracht über Otuquis unter der Häfte derjenigen die von Chuquisaca über Cobija, oder Tacna, oder Tucuman, nach Europa jetzt getragen werden muss. Es kann demnach wohl nicht bezweifelt werden, dass sich der Bolivianische Verkehr der von uns vorgeschlagenen Richtung zuwenden werde. Gesetzt nun aber, dass sich nur ein Verkehr dem gegenwärtigen von Cobija gleichkommend, dem neuen Wege zuwende, oder circa 30,000 Tonnen, Ein- und Ausfuhr zusammengerechnet, und dass die ganze Fracht vom Otuquis bis Chuquisaca nur zu 50 Piaster (statt wie oben gerechnet zu 96 Piaster) angenommen würde, so liefert schon ein solcher Verkehr eine Einnahme von 1½ Millionen Piaster für unsern Landweg. Die Waarenmasse, die diesen Weg suchen würde, ist aber viel beträchtlicher, denn ein solcher Frachtpreis würde die Ausfuhr einer unübersehbaren Menge von Artikel, namentlich auch aus der Provinz Mojos, dem Departement Santa Cruz u. s. w., die auf dem Mamoré oder Guapai bis zum Endpunkte unseres Weges an diesem Strome gelangen können, gestatten, Artikel die gegenwärtig gar nicht verwerthet werden können. Wir glauben daher, dass eine Eisenbahn von Otuquis bis zu dem Fusse der Anden durch die 70 Meilen breite Ebene und durch die Wälder geführt, ausserordentlich rentabel werden würde. Zugleich würden neben dieser Bahn, wie durch Zauber, Ansiedelungen entstehen um theils die reichen Wälder, theils den herrlichen Boden auszubeuten, theils um den Verkehr seitwärts mit dem Innern zu vermitteln, so dass sich ein gewinnreiches Unternehmen dem andern anschliessen dürfte.

Die Bolivianische Regierung, täglich den Druck aller der Umstände empfindend, die das reiche herrliche Land bisher nicht allein in seiner Entwickelung hemmten, sondern dasselbe in immer tieferes Elend versenkten, indem sie alle Hülfsquellen austrockneten, hat kein Opfer, das sie zu bringen im Stande ist, für zu gross erachtet, wenn es irgend geeignet schien die Lage des Landes zu bessern. Davon geben die seit Jahren gemachten Anstrengungen, die dahin zielten mit der Welt in Verkehr zu kommen, die Industrieen im Lande zu heben, und gesunde Speculationen zu fördern, das beste Zeugniss. Der Plan an dem Otuquis einen Haupthafen zu gründen ist nach unserer Ueberzeugung, für welche wir im Vorstehenden unsere Gründe dargelegt haben, ein höchst bedeutsamer, und die grossen Aussichten die seine Ausführung für das Land eröffnet, rechtfertigen die grossen Privilegien, welche die Regierung dem Unternehmer bewilligt hat. Wir zweifeln keinen Augenblick, dass sich in Europa Kapitalisten finden werden, welche die Bedeutung dieses Planes begreifen, und in ihm die sichere Grundlage finden werden, das für denselben angelegte Kapital in kurzer Zeit zu verhundertfachen.

Bei dem grossen Interesse, das sich an diesem Punkt des Platagebietes knüpft, wollen wir versuchen zusammenzustellen, was uns über denselben bekannt ist.

Die Provinz Otuquis.

Wie man aus der Besitzergreifungsurkunde, die wir unter den Beilagen dieser Schrift Nr. IV., 4., mitgetheilt haben, ersieht *), sind die Gränzen dieser Provinz, welche früher den südlichen Theil von Chiquitos bildete, vorläufig im N., W. und Süden nach geraden Linien bestimmt; im Osten soll der Paraguay die Gränze bilden. Allerdings hat Bolivia ein unzweifelhaftes Recht auf das rechte Paraguay-Ufer bis zu der Mündung des Jaurú, ebenso auf die freie Schifffahrt auf diesem Gränzstrome. Wir wissen nicht, ob Brasilien den Muth hat, dieses Recht Boliviens zu bestreiten, aber es hat zu viele Proben seiner Achtung vor Verträgen gegeben, besonders dem Schwächern gegenüber, dass wir durchaus nicht erstaunt sein würden zu hören: die Brasilianische Regierung betrachte den Paraguaystrom als ihr ausschliessliches Eigenthum.

Der Gränzvertrag zwischen den Spanischen und Portugiesischen Kronen, 1750 abgeschlossen, bestimmt ganz unzweideutig, dass der Paraguaystrom vom Ipané oder Corrientes

*) Vergleiche auch die Nebenkarte auf der dieser Schrift beigefügten Karte.

ab aufwärts bis zur Mündung des Jaurú die Gränze zwischen den Spanischen und Portugiesischen Besitzungen bilden soll, und so ward es an Ort und Stelle von den beiderseitig ernannten Kommissarien, unter dem Vorsitz von Don Manuel Flores (später Vicekönig von Mejico), festgestellt und zur Sicherheit und Beseitigung aller Zweifel ward an der Mündung des Jaurú eine Marmor-Pyramide als Gränzmarke errichtet, welche noch heute dort steht, und deren Standort auf allen bessern Karten angegeben ist *), Die Sache schien nun für immer abgemacht, um so mehr, als Brasilien Tausende und aber Tausende Quadratmeilen des herrlichsten Landes sein nennt, die es in ein paar Tausend Jahren nicht anbauen kann, auch wenn man ihm gestattete, die Bevölkerung des halben Afrika's und das ganze deutsche Proletariat, für das es jetzt Passion gefasst hat, nach Brasilien in Sklaverei zu führen. Aber schon im Jahre 1776 schien man in Rio de Janeiro und Lissabon den Vertrag von 1750 vergessen zu haben; denn wir finden, dass in diesem Jahre die Regierung den Capitain Mathias Reveira de Costa absandte, um angeblich gegen die Einfälle der Guaycurus-Indianer, am linken Portugiesischen Ufer ein Fort zu errichten. Dieser Officier sollte den Cuyabá und den Paraguay herunterfahren bis zu einem Punkte, den die Portugiesen Fecho dos Moros nannten, und der an der Südgränze der jährlichen Ueberschwemmungen liegt. An diesem Punkte strömt nämlich der Paraguay zwischen zwei Bergketten hindurch und wird daselbst durch eine kleine Felseninsel in zwei Kanäle getheilt. Riveira ging aber nicht bis zu diesem Punkte hinab, sondern landete 40 Leguas oberhalb desselben, wo der Paraguay gleichfalls zwischen zwei Hügeln durchströmt, und „begiug den fernern Irrthum", das Fort Nova Coimbra auf dem westlichen Hügel, auf Spanischem Gebiet zu errichten **). Die Portugiesische Regierung scheint nie darüber in Zweifel gewesen zu sein, dass dieser Vorgang nicht

---

*) Southy's berühmtes Werk: Brasil, London 1840, enthält die Beschreibung dieser Gränzmarke.

**) Southy's Brasil. III., pag. 673.

zu rechtfertigen sei; denn in dem neuen Gränzvertrage von 1777, den Southy gleichfalls mittheilt, wird aufs Neue der Paraguay als Gränze bestätigt, indem es in Art. 9. wörtlich heisst: „Von hier ab" (Corrientes oder Ipané, der in den Paraguay mündet) „folgt die Linie aufwärts dem Hauptkanal des Paraguaystromes, wie er sich in der trockenen Jahreszeit zeigt, und continuirt längs seinen Gewässern, bis zu den Marschen, welche diese Flüsse bilden, Xarayes genannt, und kreuzt diesen See bis zur Mündung des Jaurú." Und im Art. 14. heisst es: „Alle Inseln, welche in den Flüssen liegen, deren Strömung die Linie folgt, wie in dem vorstehenden Artikel gesagt worden, sollen zu dem Besitz gehören, dem sie in der trockensten Jahreszeit am nächsten liegen, und wenn sie auf gleicher Entfernung von beiden Ufern liegen, so sollen sie neutral bleiben; ausgenommen, wenn sie von grosser Ausdehnung und Werth sind; in diesem Falle sollen sie zur Hälfte getheilt werden, indem sie dann selbst in der Theilungslinie die Gränze bilden für beide Nationen." Endlich besagt Art. 18.: „In den Strömen, deren Navigation beiden Nationen im Ganzen oder zum Theil zusteht, darf keine derselben Forts oder Zollhäuser bilden oder errichten, noch die Unterthanen beider Nationen, welche dort schiffen, verpflichten, Durchsuchungen zu leiden, Licenzen zu nehmen, noch sich andern Formalitäten zu unterwerfen" etc.

In einem amtlichen Bericht des spanischen Vicekönigs von Buenos Ayres, Arredondo, aus dem Jahre 1795 an seinen Nachfolger wird an einer Stelle gesagt: „Eine Königliche Ordre vom 10. August 1791 machte mir kund, dass der Hof von Lissabon sich bereit erklärt, Fort Albuquerque zu räumen, und obgleich in derselben Königlichen Ordre die Verwunderung ausgedrückt war, dass Coimbra nicht genannt sei, obgleich noch mehr Gründe für dessen Demolirung sprechen, da es 30 Leguas südlicher liege, als das vorbenannte, und an demselben westlichen Ufer des Paraguaystromes, so habe es doch allen Anschein, dass dieser Gegenstand zum gewünschten Ende gebracht werden werde; indess, dieser wohl begründeten Aussichten ungeachtet, scheinen die Portugiesen, wie die Erfahrung lehrt, noch nicht die Absicht zu haben, diese Forts zu verlassen."

In der Instruction für die Gränzregulirungs-Kommission macht der Vicekönig von Buenos Ayres in Betreff des Streifens Landes, das die Portugiesen mit den beiden Forts usurpirt hatten, eine Anspielung auf den „närrischen Grund, den die Portugiesen zum Beweise ihres Rechtsanspruches anzuführen pflegten", dass nämlich dieser Landstreifen deshalb ihnen gehören müsse, weil er nicht blos Gold, sondern auch sicher Diamanten enthalte, was man aus seiner Aehnlichkeit mit dem Diamantendistrict in Cuyabá schliesse. Und keinen andern Grund, als diesen „närrischen" vermag die heutige Regierung Brasiliens für das Recht anzuführen, auf Grund dessen sie in Nova Coimbra ein Dutzend Soldaten unterhält und das elende Indianerdorf Albuquerque zu ihrem Besitz zählt. Die Kaiserliche Regierung und die Senatoren Brasiliens rühmen sich fortwährend, die „Verträge mit religiöser Gewissenhaftigkeit" zu erfüllen, die Stunde naht, wo sie diese „religiöse Gewissenhaftigkeit" in Bezug auf Nova Coimbra zu beweisen haben werden. Zur Sicherheit würden wir aber dem Bolivianischen Privilegienträger rathen, jenen kleinen Streifen Land sammt „dem Golde und den Diamanten", die es enthalten soll, an einflussreiche Yankees zu veräussern.

Bei der geringen Kunde, welche man bisher in Europa von dem Innern Südamerikas hatte, haben die Geographen häufig Portugiesische, resp. Brasilianische Karten benutzt. Besonders gilt dies von einigen gelehrten Reisenden in Brasilien, die zuweilen, wie es den Anschein hat, die Kritik, welche nirgends nothwendiger anzuwenden ist, als in solchem Falle, der ihnen erwiesenen Zuvorkommenheit opferten, und nur zu bereitwillig in ihren Kartenwerken dem grossen Brasilien noch einige Tausend Quadratmeilen hinzufügten: eine Liberalität, die ihnen selbst nichts kostete, als die Mühe eines Striches mit der Zeichenfeder. Und das sind dann die Autoritäten, auf welche sich die Diplomaten des also beschenkten Theiles dem Beschädigten gegenüber berufen.

Die Spanischen Geographen und die Bolivianische Regierung ziehen die Gränze am Paraguay den Verträgen gemäss, und betrachten die zwei Punkte: Nova Coimbra und das Indianerdorf Albuquerque, mit vollem Recht als Bolivianischen Besitz, dessen sich Brasilien gegen alles Recht anmaasst. Ringsherum um diese zwei Punkte, sowie zwischen denselben, und weiter nördlich und südlich von denselben, längs des rechten Paraguayufers, ist bis heute nur Wildniss. Hier lebt nach Southy ein fröhliches Indianisches Völkchen an den Ufern des Stromes hauptsächlich vom Fischfange, der reiche Ausbeute gewährt. „Sie tanzen und singen Tag und Nacht die ganze trockene Jahreszeit hindurch gleich den Vögeln, für deren Nahrung die Natur sorgt und die nicht nöthig haben, für den nächsten Morgen zu sorgen." Sie besitzen grosse Böte, mit einem irdenen Feuerplatz versehen, jedes zur Aufnahme einer Familie bestimmt. In diese schiffen sie sich sammt ihrer Hütte ein, wenn die Regenzeit beginnt, und schwimmen dann drei Monate auf dem überschwemmten unermesslichen Gebiete herum, das dann einen einzigen See darstellt, der See Xarayes genannt, landen in dieser Zeit häufig auf den höher gelegenen bewaldeten Theilen, die gleich Inseln hervorragen, um Thiere zu tödten, die sich hierher zurückgezogen haben. Nach drei Monaten haben sich die Wasser verzogen, der See ist wieder eine liebliche Prairie geworden und die schwimmende Bevölkerung legt ihre Böte an den gewohnten Ort, wo sie wieder ihre Hütten errichten und wieder 9 Monate mit Tanz und Gesang hinbringen.

In dieser Gegend dehnen sich von Fort Coimbra ab nördlich die San Fernando-Berge aus, welche dem Strome zuweilen ganz nahe treten, zum Theil sich weiter von ihm entfernen. Gegen den Paraguay fällt diese Sierra im Allgemeinen sehr steil ab und nach Don Manuel Flores Bericht umgiebt sie die Seen Uberaba, Gaiba und Hera ringsum bis auf ihre kurzen Abflüsse zum Paraguay *). Allem Anscheine nach fallen

*) Flores Bericht nennt die drei Seen nach der im Text gewählten Reihefolge: Gaiba, Caracaras und Manivré. Die Sierra de San

sie gegen Westen sehr sanft ab, wenn sie hier nicht eine Hochebene bilden, und sind hier mit grossen Wäldern bedeckt.

Der nördliche Theil der San Fernando-Berge, um den See Uberaba herum, scheint sehr niedrig zu sein, ja es ist wahrscheinlich, dass sich an der Westseite dieses Sees, der nach Flores 5 Leguas Umfang hat, eine grössere Einsenkung findet, denn nach einigen Angaben mündet der Rio Santo Corazon in den Uberaba-See, nebst andern Flüssen.

Nach dem Privilegium des Don Manuel Luiz de Oliden (Beilage No. IV.) ist die Provinz Otuquis 2500 Quadrat-Leguas (900 geographische Quadratmeilen) gross, sie kommt demnach an Flächenraum den Königreichen Hannover und Sachsen zusammengenommen gleich. Einwohner europäischer Abkunft leben zur Zeit dort äusserst wenige. Selbst die Indianer sind nur sehr spärlich und gehören einem sanften, gelehrigen Stamme an. Sie werden Guanás und Mbojas genannt, und sind zu allen Dienstverrichtungen gegen geringe Entschädigung bereit. Viele von ihnen begeben sich zur Erndtezeit nach Santa Cruz de la Sierra, wo sie auf den Besitzungen helfen. In den beiden Städtchen Santiago und Santo Corazon, jedes mit 1000 und einigen Einwohnern, bilden sie die Hauptbevölkerung. Ihre Gesammtzahl kann jedoch nicht angegeben werden *).

Die Provinz liegt ungefähr zwischen dem 18° und 20° S. Br., also innerhalb der Tropen. Das Klima wird von Allen, die dort gewesen sind, als ein herrliches und gesundes geschildert. In den Ebenen und Thälern ist es zwar heiss,

---

Fernando hat diese Benennung von Flores erhalten. Don Felix Azara nennt sie Sierra de Santa Luzia, Andere belegen sie mit dem Namen Sierra Dorado, wegen ihres Goldreichthums, den, nach Herrera, Muflo de Chares entdeckt haben soll.

*) Wo auf der Karte die Stadt Oliden angegeben ist, beabsichtigt der Donataire, Herr Oliden, den Hafen zu gründen, wozu ihn das Privilegium verpflichtet. In der Nähe dieser Stelle hatten die Jesuiten die Mission Santo Corazon errichtet, von der jedoch heute keine Spur mehr vorhanden ist.

aber erträglicher auf den höher gelegenen Theilen und auf den Sierras. Thaddäus Haenke, der in den neunziger Jahren des vorigen Jahrhunderts auf seinen Reisen auch Chiquitos besuchte, äussert sich über das Klima, wie folgt: „Das Klima ist so milde und gesund, dass man in Wahrheit sagen kann, es giebt auf diesem Kontinent keines, das ihm verglichen werden könnte. Zum Beweise dessen führe ich an, dass in der Ansiedelung von Guanay, wo ich dies schreibe, bei einer Bevölkerung von 240 Seelen nicht eine Person, weder Mann, Frau, noch Kind innerhalb zwei Jahren und fünf Monaten gestorben ist." Auch d'Orbigny, welcher die Provinz Otuquis bereist, und sich längere Zeit in Santiago und Santo Corazon aufgehalten hat, rühmt das Klima und spricht besonders mit grossem Entzücken von dem Eintritt des Frühlings: „Während die umliegenden Ebenen noch unter dem Feuer einer brennenden Sonne schmachteten, hatten sich die wohlthätigen Wolken bereits an den Kamm und die Spitzen des Berges angehängt und hier einen totalen Wechsel im Anblick der Natur herbeigeführt. Die Bäume bedeckten sich mit einem zarten Blättergrün und mannigfaltigen Blüthen, das Feld bekleidete sich wieder mit seinem Frühlingsschmuck, dessen Reiz nach allen Seiten strahlte. Nichts, glaube ich, ist in unsern schönsten Ländern Europas diesem Augenblicke in der heissen Zone vergleichbar. In Frankreich z. B. treiben die Blätter nach und nach, und der Frost, der Mangel schöner Tage, wird noch oft fühlbar bei der Wiederkehr des Frühlings. In diesen Gegenden tritt hingegen ein plötzlicher Decorationswechsel ein. Die Natur ist todt, unbeseelt, ein zu klarer Himmel beleuchtet ein zur Hälfte ausgedörrtes Gefilde. Sowie der Regen sich einstellt, nimmt Alles wie durch Zauber eine neue Gestalt an. Wenige Tage genügen, um die Ebenen in grünen Schmelz und mit wohlriechenden Blumen zu kleiden, und die Bäume mit hellgefärbtem Laube oder mit Blumen, die ihm vorhergehen, über und über zu schmücken. Wenn das Feld, seine natürlichen Blumenbeete zeigend, die Luft mit den lieblichsten Gerüchen erfüllt, so sind die Gehölze in anderer Weise schön und mannigfaltig. Hier, dieser mit langen purpurgefärbten Trauben bedeckte Baum contrastirt plötzlich mit einem reinsten Himmelsblau oder Gold; dort erhebt sich eine Dolde, weiss wie der Schnee, neben der zartesten Rose, alles gemischt mit einem Baumlaube von wundervoller Frische. Mit welchem Vergnügen bin ich diese Abhänge hinaufgestiegen, wo diese herrliche Vegetation ihren Schmuck verbreitete! Ich durchstrich die Ebenen, ohne dass ich wusste, welcher Stelle ich den Vorzug geben sollte; jeder Fleck zeigte mir einen besondern Reiz, ein verschiedenes Geheimniss. Niemals bin ich so ergriffen worden von der Schönheit dieses Bodens, den der schönste Himmel der Welt beleuchtet. Ich war in Wahrheit hingerissen von diesem Reichthume, von den warmen Farben dieses Gemäldes, das sich vor meinem Blicke jedesmal entrollte, wenn ich die umliegenden Gefilde von Santiago durchstrich."

Der südliche Theil der Provinz, um den Latiriquiqui herum, ist noch am wenigsten bekannt. Allem Anscheine nach ist er gegen den Paraguay hin eben und zum Theil den periodischen Ueberschwemmungen ausgesetzt. Die Berge von S. Miguel und die Sierra de Yoyoida im Westen dieses Theiles deuten jedoch darauf hin, dass hier hohes Hügelland ist. Allgemein wird auch der südliche Theil als ein äusserst fruchtbares Land bezeichnet, wo grosse Waldungen mit weiten Weideplätzen abwechseln.

Mehr bekannt ist der nördliche Theil, namentlich durch Herrn d'Orbigny's Reise, geworden. Auch von dessen Begleiter, einem Deutschen, Herrn Moritz Bach, der noch jetzt dort lebt, besitzen wir werthvolle Notizen über die Provinz. Es geht aus diesen Nachrichten hervor, dass die Beschreibungen, welche wir von Chiquitos haben, in allem Wesentlichen auch auf Otuquis passen.

Ausser der oben vielgenannten Sierra de San Fernando dehnen sich zwei Stunden südlich von Santo Corazon die Berge von Sunsas aus, die in einer Richtung, welche wenig von der OW-Richtung abweicht, den nordwestlichen Theil der Provinz einnehmen. In einiger Entfernung von ihnen erhebt sich im Osten die Sierra de Pantaleon, welche gegen Nova Coimbra auszulaufen scheint. Sie ist sehr wenig gekannt und grosse Waldungen bedecken diesen Theil der Provinz. Der Sierra de Sunsas parallel, und fast in einem Grade Abstand, tritt von Westen her die Sierra de Santiago in die Provinz ein, welche anfänglich den Namen Sierra de S. Lorenzo. dann auf kurzer Strecke bis zu der Bergspitze Chochiis die Benennung Sierra de Ipias führt und von hier ab als Sierra de Santiago bis gegen den Otuquis hinläuft. Die Höhe dieser Sierra giebt d'Orbigny auf wenigstens 600—700 Meter über die umliegende Ebene an. Gegen Norden, dem Thale des Tucubaca, fällt die Sierra steil ab, während der südliche Abhang sich allmäliger neigt. Gegen den Otuquis hin nimmt die Höhe ab. Das Städtchen Santiago liegt nahe dem Kamm des Gebirges. Naht man sich dem Gebirge von Norden her. so trifft man überall auf ein bläuliches, geschichtetes Gestein (Phyllades der französischen Geologen) von grosser Mächtigkeit. Höher aufwärts bildet der Schiefer sehr regelmässige Schichten mit starker Neigung gegen SW, und wird von einem röthlichen Schiefer von sehr feinem Korn, der 15 Meter mächtig ist, überlagert. Auf diesen folgt ein gelber Schiefer. 20 Meter mächtig, gleichfalls mit feinem Korn; d'Orbigny konnte keine fossilen organischen Körper in diesen Schiefern entdecken. Ueber den Schiefern lagert mit einer Mächtigkeit von 250 Meter ein compacter Sandstein, der grau, oder durch Eisen leicht gefärbt ist, und der unter einem kleinern Winkel als der Schiefer abfällt. Dieser Sandstein findet sich in der ganzen Umgegend von Santiago und am südlichen Abhange der Sierra. Ueber den Kamm erheben sich Kuppen von einem zerreiblichen Sandstein, der, zuweilen stark durch Eisen gefärbt, voller Rotheisenerzsplitter ist und zahlreich Nieren von Brauneisenerz enthält *). Warme Quellen fand d'Orbigny eine bei Santiago, eine andere in der Sierra de S. Jozé, die

*) Herrn d'Orbigny's Géologie de la Province de Chiquitos.

eine Temperatur von 30 bis 36° C. zeigten, deren Wasser jedoch keinerlei Ablagerungen machte. Von einer ähnlichen geologischen Formation zeigt sich die vorhin genannte Sierra de Sunsas.

Zwischen den Sierras de Santiago und Sunsas zieht sich ein breites, reiches Thal hin, das der Rio Tucabaca durchströmt, dem wahrhaft unzählige Bäche und Flüsschen von den beiden Sierras zufliessen. Eine reiche Vegetation breitet hier ihren Luxus aus. Herr d'Orbigny fügt gelegentlich über diesen Fluss die folgende Bemerkung bei: „Als ich den Rio Tucabaca auf den Trümmern eines schwärzlichen Schiefers, welcher demjenigen der Cordillera von La Paz glich, überschritt, erinnerte ich mich, dass alle Goldminen, sowohl die des Stollenbaues, als die der Wäsche, jener reichen Gegend von dieser geologischen Formation, oder diesen alten Entblössungen, abhängig sind. Seitdem zweifelte ich nicht länger an den Chancen eines glücklichen Erfolges, welche das Waschen auf Gold in dem ganzen unermesslichen Thale des Tucabaca, welches durch seine geologische Natur das geeignetste ist, um günstige Resultate zu versprechen, liefern würde."

Im Süden der Sierra von Santiago dehnt sich das Thal des Rio S. Rafael aus, der zahlreiche Zuflüsse von dieser Sierra, sowie von der Sierra S. José erhält, und wenigstens im Pflanzenreichthum dem Thal des Tucubaca in Nichts nachsteht. Nach der Vereinigung des S. Rafael und Tucabaca nimmt der nunmehr mächtige, wasserreiche Strom den Namen Otuquis an, der sich, nachdem sich noch mit ihm der bedeutende, aber in seinem Laufe wenig bekannte Latiriquiqui vereinigt hat, in den Paraguay ergiesst.

Ein Hauptreichthum der Provinz sind ihre gewaltigen Wälder, welche an dem schönsten Bauholz und den kostbarsten Tischler- und Farbehölzern einen unerschöpflichen Ueberfluss haben. Alle die reichen Producte des Pflanzenreiches, deren wir oben bei Bolivia gedacht haben, sind auch in Otuquis heimisch und die Kulturpflanzen werden auf den wenigen Besitzungen gezogen. Quinarinde, Indigo, Vanille findet sich in Menge wild vor, Baumwolle wird angebaut, wächst aber auch wild und ist von vorzüglicher Eigenschaft. Auch Zuckerrohr wird bereits gepflanzt und giebt reiche Erträge. Ebenso wächst der Tabak wild und wird auch angebaut; der letztere soll von vorzüglicher Qualität sein. Kaffee und Cacao gedeiht vorzüglich in den Thälern, ebenso alle übrigen Kultur- und Medicinalpflanzen der Tropen.

Ananas, wie eine Unzahl der verschiedensten wohlschmeckenden Früchte, liefern die Waldungen ohne alle andere Mühe als die des Einsammelns.

Wachs wird in ungeheuren Mengen in den Wäldern gefunden. Die Indianer bezahlen hiermit ihre Abgaben an die Regierung und ist derselbe auf allen Märkten des Peruanischen Hochlandes wohlbekannt. Desgleichen liefern die Wälder geschätzte Balsame, Copal u. s. w.

Verhältnissmässig gering zu dem ganzen Territorium sind die waldfreien Prairien. Rindvieh, Pferde, Maulthiere, Esel, Schaafe, Ziegen, Schweine und zahmes Geflügel gedeihen und werden bereits gezogen. Wild findet sich zahlreich, namentlich Schweine, Rothwild, das Tapir, Bären, Jaguare, Affen u. s. w. und eine zahllose Menge verschiedener Vögelarten. —

Der Mineralreichthum, noch lange nicht hinlänglich erforscht, ist sicher gross. Gold und auch Silber haben schon die Jesuiten hier gewonnen, namentlich in den Sunsas- und Santiago-Bergen, und die Eingebornen suchen und finden es in den Flüssen ohne Mühe, den Werth kaum ahnend, den es hat, denn nicht dies Metall, sondern Messer, Nägel, Beile, Aexte sind die kurrente Münze, mit der man Arbeit und Producte bezahlt. Diamanten und andere geschätzte Schmucksteine finden sich namentlich bei Santo Corazon und in den S. Fernando-Bergen. Bei Santiago finden sich, wie behauptet wird, Anzeichen von Quecksilber, Eisen überall in Menge. Kalk findet sich an verschiedenen Stellen, doch scheint derselbe nach d'Orbigny reich an Quarz und Magnesia zu sein, dessenungeachtet doch tauglich für Bauten. Die Salzseen von Santiago und S. Jozé im Südwesten der Provinz sollen so reich an Kochsalz sein, dass man alle Nachbarländer, die an diesem Artikel Mangel leiden, damit versehen könnte.

So wenig wir hiernach von dieser ausgedehnten Provinz zur Zeit noch kennen, so reicht doch das, was wir mit Sicherheit wissen, hin, um uns von derselben die vortheilhafteste Vorstellung zu geben. Nach unserer Meinung giebt es wenige Stellen der Erde, wo der Speculation ein solches reiches Erndtefeld winkt. Was aber der Provinz eine unermessliche Bedeutung und Wichtigkeit giebt, ist ihre Lage. Hier muss und wird sich der Handel und Verkehr eines Ländergebiets concentriren, das an Umfang wenigstens dreimal so gross als Deutschland, aber in jeder Beziehung unendlich reicher ist.

V.

Rückblick und Schluss.

Wir haben in flüchtigem Ueberblick das unermessliche Ländergebiet des Rio de la Plata zu skizziren gesucht, haben mit Freimuth die Ursachen besprochen, welche den gegenwärtigen tiefen Verfall dieser Länder herbeigeführt, die Politik Brasiliens, anknüpfend an offenkundige Thatsachen, erläutert, welche unermüdlich daran arbeitet, das Zusammengehörige zu trennen und in feindlichen Gegensatz unter sich zu bringen, Anarchie und Bürgerkriege in diesen Ländern möglichst zu verewigen, lediglich um aus der hieraus entspringenden Schwäche eigene Sicherheit, die durch die Verhältnisse im eigenen Lande nichts weniger als verbürgt ist, zu gewinnen, und endlich haben wir die unermesslichen Hülfsquellen angedeutet, welche bisher gewaltsam verstopft wurden und die sich nunmehr, mit der angenommenen und garantirten freien Schifffahrt, in den allgemeinen Verkehr ergiessen und in steter Zunahme sich zu einem gewaltigen befruchtenden Strome gestalten werden, dessen Bedeutung mit Nichts, als mit dem Riesenstrome La Plata selbst, vergleichbar sein wird. Die Arbeit freier Menschen wird in diesen Ländern fortan zu ihrer Berechtigung und zu ihrem Werthe gelangen, zahlreiche Europäische, selbst Nordamerikanische Auswanderer werden der älteren Bevölkerung dieser Länder das Beispiel geben, wie dem reichen Boden seine Producte am Vortheilhaftesten abzugewinnen sind, ihm ein bisher völlig ungeahnter Werth verliehen wird, und die Masse der tropischen Producte, welche sie in den Verkehr liefern werden, wird die Emancipation der unglücklichen Geschöpfe herbeiführen, welche zum Hohn der Menschheit und der Religion, zu der wir uns bekennen, eine Handvoll habgieriger Faullenzer, zum grossen Theil wie in Cuba und Brasilien, gegen das Gesetz und die Verträge zu Sklaven gemacht hat und in Sklaverei hält.

Die Dampfschifffahrt auf den Strömen wird bei dem angenommenen Princip der freien Schifffahrt schnell die Concurrenz herausfordern, der Producent des Hinterlandes reichern Lohn für seine Arbeit erlangen, und, indem er so zu immer höherem Wohlstande gelangt, in die Lage versetzt werden, Europäische Industrieerzeugnisse jeder Art sich aneignen zu können. Der Mississipi kann als ein Vorbild dienen von dem Leben, das sich am Rio de la Plata entfalten wird, wenn erst Dampfschiffe regelmässig die Gewässer der Zuflüsse durchschneiden werden.

Der Gewinn, den solche Unternehmungen unter den vorhandenen Umständen abwerfen müssen, ist unseres Bedünkens so sicher und zugleich so gross, wie ihn kein anderes Unternehmen in Europa verbürgt.

Wir haben gezeigt, dass die Anlage eines fahrbaren Landweges von Otuquis aus bis zu den Anden, von dem ersten Augenblicke der Eröffnung des Betriebes an, eine jährliche Einnahme von mindestens 1½ Millionen spanischen Thalern sichert. Dass aber dieselbe reissend steigen muss, wenn die Tausende werthvoller Artikel, die jetzt in ganz Bolivia nicht zu verwerthen sind, in den Verkehr gelangen, und dass dieser Absatz zu noch massenhafterer Production ansporneu wird. liegt auf der Hand.

Nicht minder sicher und reich lohnend dürfte sich die Herstellung einer Dampflinie auf dem Bermejo herausstellen, welche die jetzt brachliegenden, zahlreichen werthvollen Producte der Provinzen Jujui, Salta, Catamarca, Tucuman u. s. w. in den Verkehr bringt.

Und welches Feld der Speculation bietet allein die Provinz Otuquis für sich allein dar! Sollte es wirklich nöthig sein, darüber noch ein Wort zu sagen?

Die Dampfschifffahrt auf dem Uruguay, Paraná und Paraguay wird wie durch Zauber die kleinen Orte Guleguaychú, Rosario, Santa-Fé, Bajada, Corrientes, Asuncion zu grossen Stapelplätzen des Verkehrs umgestalten, Buenos-Ayres und Montevideo zu der Grösse und Bedeutung von Philadelphia und New-York erheben. Mit jedem Auswandererschiff, das hier landet, wird der Preis der Ländereien im ganzen Gebiete steigen, und in wenigen Jahren der zehnte Theil eines gegenwärtigen Besitzthums zehnmal mehr werth sein, als heute das Ganze. —

Wie, werden aber die Furchtsamen sagen, Du empfiehlst so warm ein Land, von dem unsere deutschen Zeitungen bisher nur ewige Bürgerkriege, sonst gar nichts, zu melden wussten? Man erlaube die Gegenfrage zu stellen. Kommen in Europa keine Krisen, Erschütterungen und Kriege vor? Und wer vermag einen einzigen Fall zu nennen, der beweist, dass einem einzigen von den tausenden Deutschen, die am La Plata bereits leben, bei allen dortigen Unruhen auch nur ein Haar gekrümmt, das Vermögen geraubt worden wäre? Ist doch Brasilien noch immer nicht ganz ohne Kredit bei Euch, trotzdem es daselbst nicht an Aufständen, Revolten, selbst langdauernden Bürgerkriegen bisher keinesweges gefehlt hat, und Zündstoffe zu den fürchterlichsten Katastrophen in Massen dort aufgehäuft sind. Ist dieses Land etwa um deswillen mehr zu empfehlen, weil dort tausende Deutsche unter schmählicher Verhöhnung ihrer Nationalität misshandelt worden, und heute noch andere Tausende gleich Sklaven auf den Pflanzungen behandelt, dem Hunger blossgestellt und von den Aufsehern solcher Plantagen gepeitscht werden *)? Man blättere die Jahrgänge aller deutschen Zeitungen durch, und zeige auf eine einzige Klage von Deutschen hin, die am La Plata leben, und die auch nur in Vergleich zu stellen wäre mit den Klagen, wie sie zu tausenden aus Brasilien in die Heimath gelangt sind, sich fast täglich wiederholen.

Das Argentinische Volk ist aus seiner Lethargie erwacht, in welche es ein Barbarenregiment versenkt hatte. In dem ganzen unermesslichen Gebiete ist seit dem Sturze des Dictators Ruhe herrschend gewesen, mit einziger Ausnahme der Stadt Buenos Ayres, wo eine Parthei sich nicht so leicht in die neue Ordnung der Dinge finden konnte, und die wahrscheinlich nicht ohne Aufmunterung von Auswärts geblieben ist. Die innern Provinzen haben längst das Bedürfniss nach der materiellen Verbesserung ihrer Lage ebenso tief als Bolivia empfunden, dafür spricht überzeugend der lächerlich schnelle Fall des so lange gefürchteten Dictators und das bisherige Verhalten dieser Provinzen. Der neue Verkehr wird tausend neue Interessen schaffen, die ebenso viele neue Bürgschaften für den Frieden und die Ordnung sein werden, und

---

*) Vergleiche die Bremer „Deutsche Auswanderer-Zeitung" Nr. 93. vom 22. November 1853. Diese Nachrichten, sowie die in demselben Blatte von der Facenda Martin de Sa und von dem Aufstande der deutschen Plantagenarbeiter auf der Fazenda Santa Rosa, bestätigen in vollstem Maasse schon nach einem Jahre, was in der Schrift: Brasilianische Zustände der Gegenwart von S. G. Kerst, Berlin 1853, Veit und Comp., vorhergesagt worden, und den Brasilianern und den Brasilianischen Werbern seiner Zeit so viel Aerger verursachte.

die ehrgeizigen Caudillas nöthigen werden, fortan das Gesetz als strengen Souverain über sich anzuerkennen. Mit der Einwanderung wird zugleich die Civilisation sich im Innern verbreiten und einen neuen Stützpunkt für die Ordnung darbieten. Dampfschiffe und Auswanderer sind daher das grosse Mittel, das herrliche Gebiet des La Plata für die Civilisation zu gewinnen, und ich schliesse mit den Worten Leon Favre's: „Wir glauben, dass hier Ruhm und Reichthum für diejenigen zu gewinnen sei, welche mit ihrer Intelligenz, ihren Kapitalien und ihren Armen für diesen Zweck beigesteuert haben werden."

Beilagen.

I.

Vertrag zwischen der Argentinischen Conföderation und Paraguay in Betreff der freien Schifffahrt u. s. w.

(British Packet in Buenos-Ayres, d. 28. August 1852.)

H. E. the Provisional Director of the Argentine Confederation, General Don Justo José de Urquiza, and H. E. the President of the Republic of Paraguay, Don Carlos Antonio Lopez, with the view of fixing definitively the relations between the two States, founded on the principle of reciprocal interest, community of origin, and other circumstances that naturally unite them, have resolved to establish in the more necessary part their territorial limits, establishing at the same time the bases on which their commerce and navigation are to be arranged between the two Republics; and for that purpose have named as their Plenipotentiaries, viz. — H. E. the Provisional Director of the Argentine Confederation Dr. Don Santiago Derqui; and H. E. the President of the Republic of Paraguay, Don Benito Varela, Provisional Minister and Secretary of State of the Foreign Relations of the Republic; who, having exchanged their full powers, and found them in good and due form, have agreed on the following articles. —

1. — The River Paraná is the boundary between the Argentine Confederation and the Republic of Paraguay, from the Brazilian possessions to two leagues higher up than the lower mouth of the Island Atajo.

2d. — The Island of Yaurctá remains belonging to the territory of Paraguay; and that of Apipé, etc. to the Argentine. The other firm or inundable islands belong to the territory to which they are nearest.

3d. — It is stipulated as a special condition of this treaty, a frank communication between the towns of the Paraná and San Borja del Uruguay, for the Paraguayan and Brazilian posts, with the necessary escorts for their safety.

4th. — The River Paraguay, from bank to bank, belongs in perfect sovereignty to the Republic of Paraguay, to its confluence with the Paraná.

5th. — The navigation of the Bermejo is perfectly common to the two States.

6th. — The landward coast from the mouth of the Bermejo to the River Atajo, is neutral territory for the distance of one league, so that the high contracting parties shall not form military cantonments, nor police guards, not even for the purpose of observing the barbarians that inhabit the banks.

7th. — The Confederation concedes to the Republic the free navigation of its flag through the Paraná and its affluents, extending to it all those immunities and advantages, that civilized governments, united by special treaties of commerce, grant to each other; it will not detain, or prevent, or impose duties on the passage of any mercantil expedition, that may have occasion to pass through the fluvial or terrestrial territory of the Confederation to ports of Paraguay, or from the latter to any other foreign ports, with out subjecting them to fiscal charges, duties, searches, undoing of packages etc. etc., which, at the same time that they incommode commerce, annihilate it, by alarming it, and deterring it from frequenting the most productive routes.

8th. — In the same terms as the preceding article, the Republic concedes to the Argentine flag the free navigation of the Paraguay and its affluents, and a free passage through its terrestrial territory.

9th. — It is distinctly understood that both States are entitled to dictate the regulations that the may consider expedient, to avoid contraband during the transit, to provide for their security, etc., with a complete reserve of the lawfull use of their perfect soveignty in their fluvial territory, that is not limited by public law or express treaties.

10th. — The Confederation shall give a free transit through the Paraná to other foreign flags, as soon as it has made the arrangements demanded for the same.

11th. — The Government of the Republic of Paraguay, in accordance with that of the Argentine Confederation, will cooperate with the means afforded it by the topographical situation of the Republic, to facilitate the navigation of the River Bermejo, removing the obstacles that may have formed in its channel, doing certain works that may render its navigation practicable, and establishing positions that may serve as touching points for vessels, in the sites and places that may agreed upon and pointed out by both Governments.

12th. — The Governement of the Republic of Paraguay, when the case arrives of its being invited so to do by that of the Argentine Confederation, shall sanction and garrison with previons accord a port in the River Pilcomayo, as high up as it may be navigable so that from it a land route, the shortest possible, may be afforded to commerce through the Paraguayan territory, to the frontier of Bolivia.

13th. — The Paraguayans established or casually resident in the Argentine Confederation, and the Argentines established or casually resident in the Republic, shall personally enjoy all the advantages and immunities of the citizens themselves, their individual rights being respected, being held subject only to the civil laws that are in force, and to the mode of procedure marked out by them.

14th. — In consequence of the fraternity established between the two Republics, by community of origin, interests and respective situation, the citizens of Paraguay, whom their Government may think proper to destine to cultivate their talents in the establishments of higher branches and studies, that may be maintained by the General Geverment of the Argentine Confederation, shall be considered on a footing of equality with Argentine citizens.

15th. — The present treaty shall be ratified by H. E. the President of the Republic of Paraguay, with in six days of its date; and with in sixty by H. E. the Privisional Director of the Argentine Confederation, the ratifications to be exchanged in the City of Corrientes.

In testimony whereof the Plenipotentiaries sign the present Treaty in duplicate, sealing it with their arms, and countersigned by their respective Secretaries, in Asuncion, Capital of the Republic of Paraguay, the 15th. July 1852.

Santiago Derqui.
Manuel Cabral.
Benito Varela.
Mariano Gonzalez.

II.

Freundschafts-, Handels- und Schifffahrts-Vertrag zwischen Grossbrittanien und der Republik Paraguay.

(Morning Chronicle, London 5. November 1853.)

Gleichlautende Verträge haben auch die Staaten Frankreich, Nordamerika und Sardinien mit Paraguay abgeschlossen.

Art. 1. There shall be perfect peace and sincere friendship between her Majesty the Queen of the United Kingdom of Great Britain and Ireland and the Government ot the Republic of Paraguay, and between the subjects and citizens of both states, without exception of persons or of places. The high contracting parties shall use their best endeavours that this friendship and good understanding may be constantly and perpetually maintained.

Art. 2. The Republik of Paraguay, in the exercise of the sovereign right which pertains to her, concedes to the merchant flag of the subjects of her Britannic Majesty the free navigation of the river Paraguay as far as Assumption, the capital of the republic, and of the right side of the Parana from where it belongs to her as far as the city of Encarnacion. They shall be at liberty, with their ships and cargoes, freely and securely to come to and to leave all the places and ports which are already mentioned; to remain and reside in any part of the said territories, hire houses and warehouses, and trade in all kinds of produce, manufactures, and merchandise of lawful commerce, subject to the usages and established customs of the country. They may discharge the whole or part of their cargoes at the ports of Pilar, and where commerce with other nations may be permitted, or proceed with the whole or part of the cargo to the port of Assumption, according as the captain, owner, or other duly authorised person shall deem expedient. In the same manner shall be treated and considered such Paraguayan citizens as should arrive at the ports of Great Britain with cargoes in Paraguayan or British vessels.

Art. 3. The two high contracting parties hereby agree that any favour, privilege, or immunity whatever, in matters of commerce or navigation, which either contracting party has actually granted, or may hereafter grant, to the subjects or citizens of any other state, shall extend, in identity of cases and ciscumstances, to the subjects or citizens of the other contracting party, gratuitously, if the concession in favour of that other state shall have been gratuitous, or in return for an equivalent compensation, if the concession shall have been conditional.

Art. 4. No other or higher duties shall be imposed on the importation or exportation of any article of the growth, produce, or manufacture of the two contracting states than are or shall be payable on the like article being the growth, produce, or manufacture of any other foreign country. No prohibition shall be imposed upon the importation or exportation of any article of the growth, produce, or manufacture of the territories of either of the two contracting parties into the territories of the other which shall not equally extend to the importation or exportation of similar articles to the territories of any other nation.

Art. 5. No other or higher duties or charges on account of tonnage, light or harbour dues, pilotage, salvage in case of damage or shipwreck, or any other local charges, shall be imposed in any of the ports of the Republic of Paraguay on British vessels than those payable in the same ports by Paraguayan vessels, nor in the ports of her Britannic Majesty's dominions on Paraguayan vessels than shall be payable in the same ports by British vessels.

Art. 6. The same duties shall be paid upon the importation and exportation of any article which is or may be legally importable or exportable into the dominions of her Britannic Majesty, and into those of Paraguay, whether such importation or exportation be made in British or Paraguayan vessels.

Art. 7. All vessels which, according to the laws of Great Britain, are to be deemed British vessels, and all vessels wich, according to the laws of Paraguay, are to be deemed Paraguayan vessels, shall, for the purposes of this treaty, be deemed British vessels and Paraguayan vessels respectively.

Art. 8. British subjects shall pay in the Republic of Paraguay the same import and export duties which are established, or may hereafter be established, for Paraguayan citizens. In the same manner, the latter shall pay in the dominions of her Britannic Majesty the duties which are established, or may hereafter be established, for British subjects.

Art. 9. All merchants, commanders of ships, and others, the subjects or citizens of each country respectively, shall have full liberty, in all the territories of the other, to manage their own affairs themselves, or to commit them to the management of whomsoever they please, as agent, broker, factor, or interpreter; and they shall not be obliged to employ any other persons than those employed by natives, no to pay to such persons as they shall think fit to employ any higher salary or remuneration than such as is paid, in like cases, by natives. The subjects of her Britannic Majesty in Paraguay, and the citizens of Paraguay in the dominions of her Britannic Majesty, shall enjoy the same full liberty which is now, or may hereafter be, enjoyed by natives of each country respectively, to buy from and sell to whom they like all articles of lawful commerce, and to fix the prices thereof as they shall see good, without being affected by any monopoly, contract, or exclusive privilege of sale or purchase; subject, however, to the general ordinary contributions or imposts established by law. The subjects and citizens of either of the contracting parties, in the territories of the other, shall enjoy full and perfect protection for their persons and property, and shall have free and open access to the courts of justice for the prosecution and defence of their just rights. They shall enjoy in this respect the same rights aud privileges as native subjects or citizens; and they shall be at liberty to employ in all causes the advocates, attorneys, or agents of whatever description whom they may think proper.

Art. 10. In whatever relates to the police of the ports, the lading and unlading of ships, the warehousing and safety of merchandize, goods, and effects, the succession to personal estates by will or otherwise, and the disposal of personal property of every sort and denomination by sale, donation, exchange, or testament, or in any other manner whatsoever, as also with regard to the administration of justice, the subjects and citizens of each contracting party shall enjoy, in the dominions or territories of the other, the same privileges, liberties, and rights as native subjects or citizens, and shall not be charged, in any of these respects, with any other or higher imposts or duties than those which are or may be paid by native subjects or citizens; subject always to the local laws and regulations of such dominions or territories.

In the event of any subject or citizen of either of the two contracting parties dying without will or testament, in the dominions or territories of the other contracting party, the consul-general, consul, or vice-consul of the nation to which the deceased may belong, or in his absence the representative of such consul-general, consul, or vice-consul shall, so far as the laws of each country will permit, take charge of the property which the deceased may have left for the benefit of his lawful heirs and creditors, until an executor or administrator be named by the said consul-general, consul, or vice-consul, or his representative.

Art. 11. The subjects of her Britannic Majesty residing in the Republic of Paraguay, and the citizens of the Republic of Paraguay residing in the dominions of her Britannic Majesty, shall be exempted from all compulsory military service whatsoever, whether by sea or land, and from all forced loans or military exactions or requisitions; and they shall not be compelled to pay any charges, requisitions, or taxes, other or higher than those that are or may be paid by native subjects or citizens.

Art. 12. It shall be free for each of the two contracting parties to appoint consuls for the protection of trade, to reside in the dominions and territories of the other party; but before any consul shall act as such, he shall, in the usual form, be approved and admitted by the Government to which he is sent; and either of the contracting parties may except from the residence of consuls such particular places as either of them may judge fit to be excepted. The diplomatic agents and consuls of her Britannic Majesty in the Repubiic of Paraguay shall enjoy whatever privileges, exemptions, and immunities are or may be there granted to the diplomatic agents and consuls of any other nations whatever; and, in like manner, the diplomatic agents and consuls of the Republic of Paraguay in the dominions of her Britannic Majesty shall enjoy whatever privileges, exemptions, and immunities are or may be there granted to agents of any other nation whatever.

Art. 13. For the better security of commerce between

the subjects of her Britannic Majesty and the citizens of the Republic of Paraguay, it is agreed that if, at any time, any interruption of friendly intercourse or any rupture should unfortunately take place between the two contracting parties, the subjects or citizens of either of the said contracting parties who may be etablished in the dominions or territories of the other, in the exercise of any trade or special employment, shall have the privilege of remaining and continuing such trade or employment therein, without any manner of interruption, in full enjoyment of their liberty and property, as long as they behave peaceably and commit no offence against the laws; and their goods and effects. of whatever description they may be, whether in their own custody or entrusted to individuals or to the state, shall not be liable to seizure or sequestration, or to any other charges or demands than those which may be made upon the like effects or property belonging to native subjects or citizens. If, however, they prefer to leave the country, they shall be allowed the ime they may require to liquidate their accounts and dispose of their property, and a safe conduct shall be given them to embark at the ports which they shall themselves select. Consequently, in the case referred to of a rupture, the public funds of the contracting states shall never be confiscated, sequestered, or detained.

Art. 14. The subjects or citizens of either of the two contracting parties, residing in the dominions or territories of the other, shall enjoy in regard to their houses, persons, and properties the protection of the Government, in as full and ample a manner as native subjects or citizens. In like manner the subjects or citizens of each contracting party shall enjoy, in the dominions or territories of the other, full liberty of conscience, and shall not be molested on account of their religious belief; and such of those subjects or citizens as may die in the territories of the other party shall be buried in the public cemeteries, or in places appointed for the purpose, with suitable decorum and respect. The subjects of her Britannic Majesty residing within the territories of the Republic of Paraguay shall be at liberty to exercise in private and in their own dwellings, or within the dwellings or offices of her Britannic Majesty's consuls or vice-consuls, their religious rites, services, and worship, and to assemble therein for that purpose without hindrance or molestation.

Art. 15. The Government of the Republic of Paraguay, as a consequence of the national law for the freedom of the offspring of slaves, binds itself to prohibit, in the most efficacious manner, all the inhabitants of the republic from trading in African negroes, in accordance with the philanthoropic policy of her Majesty the Queen of England for the abolition of the above mentioned traffic.

Art. 16. The present treaty shall be in force during six years, counting from the day of the exchange of the ratifications; and if, a year before the expiration of that term, neither the one nor the other contracting party should announce, by an official declaration, its intention to put an end to the effect of the said treaty, it shall continue for a year longer; so that in this case it shall cease to be binding at the expiration of seven years, counting from the abovementioned day of the exchange of the ratifications. The Paraguayan Government shall be at liberty to address to her Britannic Majesty, or to her representative in the republic, the official declaration agreed upon in this article.

Art. 17. The present treaty shall be ratified by her Majesty the Queen of the United Kingdom of Great Britain and Ireland in eight months from its date, and in ten days by his Excellency the President of the Republic of Paraguay; and the ratifications shall be exchanged at London or Monte Video within the therm of ten months from the same date, or sooner if possible. In witness whereof, the respective plenipotentiaries have signed the same, and have affixed thereto the seals of their arms. Done at Assumption, the capital of the Republic of Paraguay, on the 4th day of March, in the year of our Lord 1853.

(L. S.) Charles Hotham.

(L. S.) Francisco S. Lopez.

III.

Decret des Präsidenten der Republik Bolivia, bezüglich der freien Schifffahrt auf den Strömen jenes Staates.

(Journal des Débats.)

Bolivianische Republik.

Der constitutionelle Präsident Bolivias, in Erwägung:

1. dass die östlichen und südlichen Theile der Republik ausgedehnte Territorien von grösster Fruchtbarkeit begreifen, welche von verschiedenen schiffbaren Strömen, die in den Amazon und Plata einmünden, durchschnitten werden, welche die günstigsten Wege für den Handel und die Civilisation jener Regionen darbieten;
2. dass die Beschiffung dieser Ströme das wirksamste und sicherste Mittel für die Ausbeutung der Reichthümer des Bodens ist, indem man denselben in Berührung mit den Ausländern bringt und auf seine Flüsse das Princip der Freiheit anwendet, welches eben so nützlich den Interessen der Republik, als der gesammten Menschheit ist;
3. dass kraft des Naturgesetzes, welches das aller Nationen ist, dessen öffentliches Recht durch Conventionen des modernen Europas geregelt worden, ein Gesetz, das sich bereits in der neuen Welt für die Beschiffung des Mississippi in Anwendung findet, der Bolivianische Staat, als Besitzer des Pilcomayo, der Zuflüsse und des obern Theiles des Madera, des linken Ufers des Itenes von seiner Verbindung mit dem Sarrare ab bis zu seiner Ausmündung in den Mamoré, des westlichen Ufers des Paraguay bis 16° 54′ südlicher Breite, und endlich des obersten Theiles des linken Ufers des Bermejo, das Recht besitzt, auf diesen Strömen zu schiffen von dem Punkte an, von dem diese Beschiffung in seinem Territorio möglich ist, bis zu ihrem Ausflusse in das Meer, ohne dass

irgend eine Macht sich eine ausschliessliche Souverainität über den Amazon und den Plata anmaassen könnte;

4. dass diese Beschiffung nicht verwirklicht werden kann ohne die Herstellung der für den Handel nöthigen Häfen;

decretirt:

Art. 1. Die Bolivianische Regierung erklärt frei für den Handel und für die Handelsschifffahrt aller Nationen des Erdballs, die Gewässer der schiffbaren Ströme, welche das Bolivianische Territorium benetzen und dem Amazon und dem Paraguay zuströmen.

Art. 2. Innerhalb des Territoriums der Republik werden zu Freihäfen, welche dem Handel und der Schifffahrt aller Handelsschiffe, welche Flagge sie auch führen, von woher sie auch kommen, von welchem Inhalt sie auch sein mögen, geöffnet sind, erklärt:

Am Rio Mamoré: Exaltation, Trinidad und Loreto.

Am Beni: Rurenavaque, Muchanis und Magdalena.

Am Pirahy: Cuatro-Ojos.

Am Chaparé: Coni und Chimore, Zuflüssen des Mamoré, die Punkte Asunta, Coni und Chimore.

An den Flüssen Mapiri und Coroïco, Zuflüsse des Beni, die Punkte Guanay und Coroïco.

Am Pilcomayo: der Hafen Magarinos.

Am westlichen Ufer des Paraguay: die Bahia Negra (Mündung des Otuquis?) und der Punkt genannt Borbon.

Am Bermejo: der Punkt, welcher unter 21° 30′ S. Br. liegt, wo 1846 sich die Ingenieure des Staates, Ondarza und Mujia, einschifften.

Art. 3. Die Kriegsschiffe der befreundeten Mächte sollen gleichfalls in die vorbenannten Häfen einlaufen können.

Art. 4. Die Bolivianische Regierung, indem sie von dem unbestreitbaren Rechte der Schifffahrt, welches die Nation auf diesen Strömen bis zum Atlantischen Meere besitzt, Gebrauch macht, ladet auf dieselben alle Nationen des Erdballs ein, sich verpflichtend: 1. kraft des Gesetzes jedem Individuum oder jeder Gesellschaft, welche vom Atlantischen Meere nach diesen Punkten gelangt, die zu Freihäfen erklärt sind, um daselbst landwirthschaftliche oder industrielle Etablissements zu begründen, innerhalb des Bolivianischen Territoriums eine bis zwölf Quadrat-Leguas umfassende Fläche Landes zu bewilligen; 2. eine Prämie von 10,000 Piaster dem Dampfschiffe zu bewilligen, welches zuerst, den Plata oder den Amazon aufsteigend, zu den obengenannten Punkten gelangt; 3. die Ausfuhr auf den Strömen von den Bodenproducten und der National-Industrie für frei zu erklären; 4. zu gelegener Zeit und nach Maassgabe, wie sich die Nothwendigkeit fühlbar macht, Stapelplätze für die Ein- und Ausschiffung und für die Aufbewahrung der Handelsgüter zu errichten. Was die Zollabgaben anbelangt, beabsichtigt die Regierung, den Tarif so mässig als möglich zu stellen.

Dieses Decret wird zur Prüfung und Genehmigung dem gesetzgebenden Körper in der nächstkünftigen Sitzung vorgelegt werden.

Der Minister-Staats-Secretair des Departements der auswärtigen Angelegenheit ist mit der Ausführung und der Veröffentlichung des gegenwärtigen Decrets beauftragt.

Gegeben im Pallast der Höchsten Regierung in La Paz de Ayacucho, am 27. Januar 1853.

(gez.) Manoel Isidoro Belzu.
(gegengez.) Raphael Bastillo,
Minister der auswärtigen Angelegenheiten.

(Zugleich mit diesem Decret hat der Minister ein Circular an die Präfecten der Departements der Republik erlassen, in welchem er denselben anempfiehlt, das Decret bekannt zu machen und nichts zu sparen, um demselben die möglichst ausgedehnte Verbreitung zu geben.)

IV.

Privilegio,

concedido por la Nacion Boliviana al empresario del puerto al Este de la Republica, para facilitar la navigacion por el rio Paraguai al rio de la Plata.

---

1. Republica Boliviana.

Sala de sesiones de la cámera de Representantes en Chuquisaca á 5 de Noviembro de 1832.

El poder Ejecutivo prestará los auxilios, que crea convenientes. al ciudadano Manuel Luis de Oliden que se compromete a formar un puerto en la confluencia de los rios Otuquis, Tucabaca y Latiriquiqui, ó en la parte que sea mas a proposito, para facilitar la navigacion de estos hasta el Paraguay, concediendole a demas los privilegios á que se hace acreedor como primer empresario.

J. Eustaquio Eguivar, Presidente.
Dionisio Barrientes, Secretario.

2. Republica Bolivianna.

Palacio de Gobierno en Chuquisaca á 17 de Noviembro de 1832.

Hallandose el Gobierno autorizado por el antecedente Decreto del Congreso do 5 de Noviembro 1832 para prestar al ciudadano Manuel Luis de Oliden los auxilios convenientes al planteamiento de un puerto en la confluencia de los rios Tucabaca, Otuquis y Latiriquiqui en la provincia de Chiquitos, y acordarle los privilegios relativos à que se haga acreedor: haviendose compromettido el dicho empresario a realisar este establecimiento en los terminos que constan de los articulos siguientes, se le conceden los privilegios, esensiones y garantias en los terminos seguientes.

IV.

Privilegium,

welches von der Bolivianischen Nation dem Gründer des Hafens im Osten der Republik bewilligt worden, um die Schifffahrt auf dem Paraguay bis zum Rio de la Plata in Gang zu bringen.

---

1. Republik Bolivia.

Sitzungssaal der Repräsentanten-Kammer in Chuquisaca, am 5. November 1832.

Die Executivgewalt wird dem Bürger Manuel Luis de Oliden, der sich anheischig gemacht hat, einen Hafen am Zusammenfluss der Ströme Otuquis, Tucabaca und Latiriquiqui, oder an der Stelle, die am besten dazu gelegen ist, zu gründen, um die Beschiffung derselben bis zu dem Paraguay zu erleichtern, alle diejenigen Beihülfen, welche sie dienlich erachtet, gewähren, indem sie überdies ihm die Privilegien verwilligt, auf welche er als erster Unternehmer Anspruch hat.

(gez.) Eustaquio Eguivar, Präsident.
Dionisio Barrientes, Secretair.

2. Republik Bolivia.

Regierungs-Pallast in Chuquisaca, den 17. November 1832.

Indem sich die Regierung durch das vorstehende Decret des Congresses vom 5. November 1832 für ermächtigt erachtet, dem Bürger Manuel Luis de Oliden die nöthig erscheinenden Unterstützungen für die Gründung eines Hafens an dem Zusammenflusse der Ströme Tucabaca, Otuquis und Latiriquiqui in der Provinz Chiquitos zu leisten, und ihm die Privilegien, auf welche er Anspruch hat, zu bewilligen: nachdem der besagte Unternehmer sich verpflichtet hat, das Etablissement in der Art, wie in den folgenden Artikeln bestimmt ist, herzustellen, werden ihm die Privilegien, Freiheiten und Garantien in den folgenden Begränzungen zugestanden.

Art. 1. Sele consedcn al ciudadano Manuel Luis de Oliden, desde el lugar en que fixe el puerto en la costa del Otuquis al sur de la provincia de Chiquitos, veinte y cinco leguas de terrenos en todas direcciones para si y sus successores.

Art. 2. El puerto que forme será de su propriedad por el termino de cincuenta años y vencido esté, corresponderá a la nacion.

Art. 3. Todos los efectos y producciones que por este puerto se introduzcan del estrangeiro durante los mismos cincuenta años, no pagarán por todo derecho mas que el cinco por ciento, que se les cobrará en los lugares de su consumo sobre los aforos del arancel que rija en la Republica.

Art. 4. Durante el predicho termino el Gobierno no nombrará para aquel territorio ningun empleado, y los que fueren necesarios seran nombrados y pagados por el empresario: Sin embargo si el Gobierno lo tiene por conveniente, podra nombrar el empleado ó empleados que jusgue necesarios, con el solo objeto de espedir las guias de los efectos que se introduzcan al interior de la republica y estes seran pagados por la nacion.

Art. 5. El termino de los cincuenta annos de que hablan los articulos anteriores, se contará desde que se abra la navigacion de los espresados rios hasta el Paraguai.

Art. 6. Regiran en este estabelecimiento la constitucion y las leyes de la Republica.

Art. 7. Estos privilegios y donaciones que el Gobierno concede y garantiza al ciudadano Manuel Luis de Oliden y sus successores podran enajenarlos, transfiriendo su propriedad á otras personas bajo las condiciones del presente Decreto.

Art. 8. Este estabelecimiento queda bajo la autoridad

Art. 1. Es werden dem Bürger Manuel Luis de Oliden von der Stelle ab, allwo derselbe den Hafen am Ufer des Otuquis im Süden der Provinz Chiquitos gründen wird, fünf und zwanzig Leguas nach jeder Richtung für sich und seine Nachfolger verwilligt.

Art. 2. Der Hafen, den er herstellt, soll für den Zeitraum von fünfzig Jahren sein Eigenthum sein und nach Verlauf dieses Zeitraums soll er der Nation gehören.

Art. 3. Alle Güter und Producte, welche durch diesen Hafen aus dem Auslande während derselben fünfzig Jahre eingeführt werden, sollen statt aller andern Abgaben nur fünf Procent zahlen, die in den Orten ihres Verbrauchs nach den Tarif-Bestimmungen, die in der Republik in Geltung sind, erhoben werden.

Art. 4. Während des vorbesagten Zeitraums wird die Regierung für jenes Territorium keinen Beamten ernennen und diejenigen, welche etwa nöthig sein sollten, werden von dem Unternehmer ernannt und bezahlt. Wenn dessenungeachtet die Regierung es für zweckmässig erachten sollte, einen oder mehrere Beamte, in der alleinigen Absicht, die Zollscheine für die in das Innere der Republik eingehenden Güter auszustellen, zu ernennen, so sind diese von der Nation zu besolden.

Art. 5. Der Zeitraum von 50 Jahren, von denen die vorhergehenden Artikel sprechen, soll von dem Zeitpunkte ab gerechnet werden, wo die Schifffahrt auf den genannten Flüssen bis zum Paraguay eröffnet sein wird.

Art. 6. In diesem Etablissement sollen die Constitution und Gesetze der Republik in Herrschaft bleiben.

Art. 7. Diese Privilegien und Schenkungen, welche die Regierung dem Bürger Manuel Luis de Oliden und seinen Nachfolgern verleiht und garantirt, können veräussert werden, indem er sein Eigenthum an andere Personen unter den Bedingungen des gegenwärtigen Decrets überträgt.

Art. 8. Dieses Etablissement steht unter der Autorität

y proteccion del Gobierno Supremo, conquien se entenderá el empresario por conducto del Ministro del Interior.

Art. 9. Si en el termino de cuatro años de esta fecha no está formado el establecimiento, y descubierta la navigacion, aunque no llegue á ponerse espedita y corriente, quedarà derogado de hecho el presente Decreto *).

Por orden de S. Ex.
Fernando Olañeta.

3.

Paz 24 de Februar de 1847.

Accedese a la solicitud del ocurrente y se declare, que el termino de cuatro años senalados por el supremo Decreto de 29 de Mayo de 1844 paraque dentro de el pueble el Otuquis, devera contarse desde el dia en que revindique el Gobierno la parte litoral del Rio Paraguay perteneciente a la Republica ocupada hoy por el Imperio del Brasil.

Per orden de S. Excelencia
Gutierrez, Ministro del Interior.

4. Acta de Posesion dado al Empresario.

En la ciudad Oliden provincia del Otuquis a horas diez de la mañana de hoy, dia sabado diez y ocho de Junio de mil ocho ciento treinta y seis años.

En virtud de la comision que me ha conferida S. G. el Sñr. Prefecto del Departamiento de Santa Cruz por su Decreto de 20 de Novembro de 1833, espedido en virtud del Supremo Decreto de 7 de Marzo del mismo año que me presentó en este acto el ciudadano Manuel Luis de Oliden en el

*) Dieser Art. 9. ist erläutert durch das hier unter Nr. 3. folgende Decret vom 24. Februar 1847.

und Protection der höchsten Regierung unmittelbar, mit welcher sich der Unternehmer durch die Vermittelung des Ministers des Innern verständigen wird.

Art. 9. Wenn im Laufe von vier Jahren, von diesem Datum an gerechnet, das Etablissement nicht gegründet und die Schifffahrt nicht eröffnet sein sollte, wenn dieselbe auch nicht dahin gelangt sei, schnell und regelmässig vor sich zu gehen, — so wird durch diese Thatsache das gegenwärtige Decret als aufgehoben betrachtet *).

Auf Befehl Sr. Excellenz
(gez.) Fernando Olañeta.

3.

Paz, den 24. Februar 1847.

Den vorgetragenen Gründen beipflichtend wird erklärt, dass der Termin von vier Jahren, welcher in dem Höchsten Decret vom 29. Mai 1844 festgesetzt worden, um Otuquis während dessen zu bevölkern, von dem Tage an gezählt werden soll, an welchem die Regierung den Theil des Littorale am Paraguay, welcher der Republik gehört, aber heute von dem Kaiserreich Brasilien beansprucht wird, zurückerlangt hat.

Auf Befehl Sr. Excellenz
(gez.) Gutierrez, Minister des Innern.

4. Acte der Besitznahme.

In der Stadt Oliden, Provinz Otuquis, heute 10 Uhr Vormittags, Sonnabends den 18. Juni 1836.

In Gemässheit des Commissoriums, mit welchem mich der Herr Präfect des Departements Santa Cruz durch sein Decret vom 20. November 1833 betraut hat, das gemäss des Höchsten Decrets vom 7. März desselben Jahres ausgefertigt worden, welches mir in diesem Acte der Bürger Manuel Luis de Oliden in verschlossener Ausfertigung überreichte, betref-

*) Dieser Art. 9. ist erläutert durch das hier unter Nr. 3. folgende Decret vom 24. Februar 1847.

espediente fixado sobre los privilegios de su empresa, sobre la navigacion del Rio Otuquis, y en virtud del mismo Supremo Decreto Original que consta del mismo expediente, á presencia de los corregidores, economos y sindicos procuradores de los pueblos de Santiago y Santo Corazon de la Provincia de Chiquitos con quienes me acompañé para este acto; tome por la mano al Sñr. Oliden y le ministre posesion temporal y corporal á nombre de la Nacion Boliviana de veinte y cinco leguas de terreno en todas direcciones de este punto, para si y sus succesores para siempre de conformidad con el Art. 1. del Decreto del Gobierno Supremo de 17 de Noviembre de 1832; en cuyo acto fue proclamado por dueño absoluto del territorio, y los privilegios concedidos por el ultimo citado Decreto. El empresario le pasó el nombre de Provincia de Otuquis.

Entretanto se haga la delineacion y deslinde de estos terrenos en la forma que prescriben las leyes, sele han señalado por limites de ellos a saber: Formando una linea recta de Oliden al norte, se suponen las veinte y cinco leguas en las faldas de la serrania del Ataito que termina dicha serrania ó cordillera a la parte del norte. De este punto tirando otras veinte y cinco leguas al Este, corta por los campos de Jacuba hasta entrar en las lagunas Xarayes, quedando el pueblo del Santo Corazon en el territorio del Sr. Oliden. Del angulo del Este tirando al Sud, se supone que toca en la costa del Rio Paraguay. Bolvendo a la parte de la serrania del Ataito al Norte tirando en direccion al Oeste, sigue la linea que forma el frente del Norte por la cordillera del Sunsas, hasta ponesse en frente del Rio Taupicanus, camino de S. Juan a Santiago, de modo que la cordillera del Sunsas es la linea en el frente del Norte entre la Provincia de Chiquitos y la de Otuquis. Del ultimo punto ó angulo del Oeste en la linea del Norte tomando el rumbo al Sud por el paso del Taupicanus, corta la cordillera de Santiago por la quebrada del Matacú entrando la linea que corre al Sud por el Gran Chaco, y paises desfend die Privilegien seiner Unternehmung über die Beschiffung des Otuquisstromes, und in Gemässheit desselben Höchsten Original-Decrets, das aus derselben Ausfertigung bekannt ist, in Gegenwart der Corregidoren, Verwalter und Syndicus-Procuratoren der Ortschaften Santiago und Santo Corazon der Provinz Chiquitos, welche mich zu diesem Acte begleiteten, nehme ich den Herrn Oliden bei der Hand und überliefere ihm im Namen der Bolivianischen Nation zu zeitlichem und körperlichem Besitze 25 Leguas Land in jeder Richtung von diesem Punkte an gerechnet für sich und seine Nachfolger, für immer, in Gemässheit des Art. 1. des Decrets der Höchsten Regierung vom 17. November 1832; in welcher Handlung derselbe zum absoluten Besitzer des Territoriums und der Privilegien, die durch das zuletzt erwähnte Decret verwilligt sind, proclamirt wurde. Der Unternehmer legte dem Territorium den Namen „Provinz Otuquis" bei.

Bis dahin, dass die Grenzbestimmung und Errichtung der Grenzmarken für diese Ländereien nach den Vorschriften der Gesetze ausgeführt werden, werden die Grenzen in der folgenden Weise bezeichnet. Indem man eine gerade Linie von Oliden nach Norden zieht, nimmt man an, dass das Ende der 25 Leguas an den Fuss der Gebirge von Ataito trifft, welches Gebirge, oder Cordillera, im Norden die Grenze bildet. Von diesem Punkte aus geht man 25 Leguas gegen Osten, durchschneidet die Campos von Jacuba bis in die Lagunen von Xarayas, so dass der Ort Santo Corazon innerhalb des Territoriums des Herrn Oliden fällt. Von diesem Ostwinkel die Grenzlinie nach Süden gezogen, nimmt man an, dass sie dem Ufer des Paraguay folge. Wieder zurückgehend zu dem Nordpunkte in der Serrania von Ataito, folgt die Linie, welche die Nordgrenze bildet, der Cordillera von Sunsas, bis sie dem Rio Taupicanus auf dem Wege von S. Juan nach Santiago gegenüber kommt, dergestalt, dass die Cordillera von Sunsas die Nordgrenze zwischen den Provinzen Chiquitos und Otuquis bildet. Von dem zuletzt genannten Punkte oder Westwinkel in der Nordgrenze geht die Grenze in Südrichtung durch den Pass des Taupicanus, durchschneidet die Cordillera

conocidos. y quedando el pueblo de Santiago en el territorio del Sñr. Oliden.

Con la cual se concluyo este diligencia que la firmaron con migo el interesado, las personas publicas que me acompañan y testigos que se hallan presentes, autorisado este acto por el official Pro Secretario de la Provincia de mi cargo. — Firmado — Marcelino de la Peña, Governador de la Provincia de Chiquitos. — Manuel Luis de Oliden. — Torrivio Seguro, Economo de Santiago. — Miguel Mendez, Corregidor de Santiago. — Santiago Sucury, Sindico Procurador de Santiago. — Jose Manuel Herrera, Economo del Santo Corazon. — Baltasar Yovios, Corregidor del S. Corazon. — Juan de Dias Matores, Sindico Procurador del S. Corazon. — Juan Francisco Alvarez, Cura del S. Corazon. — Testigo Jose Pedro Ruiz. — Testigo Jose Buenaventura La Jucente. — Testigo Miguel Ortiz. — Juan Ignacio Garcia, Pro Secretario de la Provincia de Chiquitos. — Mauricio Bach, Secretario de la Provincia de Otuquis.

von Santiago, durch die Quebrada von Matacu und trifft auf die Grenze, welche im Süden durch das Gran Chaco durch unbekannte Gegenden geht, und schliesst den Ort Santiago in das Territorium des Herrn Oliden ein.

Hiermit wird dieses Geschäft beschlossen, welches mit mir der Betheiligte, die Beamten, welche mich begleiten, und die gegenwärtigen Zeugen unterschreiben, und wird diese Acte durch den Beamten Pro-Secretair der von mir verwalteten Provinz beglaubigt.

Gez. Marcelino de la Peña, Gouverneur der Provinz Chiquitos. — Manoel Luis de Oliden u. d. a. Nebengenannten.

V.

Vertrag über die freie Schifffahrt auf den Strömen Paraná und Uruguay, zwischen der Argentinischen Conföderation und S. M. des Kaisers der Franzosen.

(Diario do Rio de Janeiro, 12. September 1853).

Im Namen der heiligen Dreieinigkeit. Se. Excellenz der Herr provisorische Director der Argentinischen Conföderation und S. M. der Kaiser der Franzosen von dem Wunsche beseelt, die Freundschaftsbande, welche zwischen ihren respectiven Staaten und Ländern in so glücklicher Weise bestehen, enger zu knüpfen, und davon überzeugt, dass sie in keiner andern Weise einen bessern Erfolg erreichen können, als wenn sie in gemeinschaftlicher Uebereinstimmung alle die Maasnahmen ergreifen, welche geeignet sind, die commerciellen Beziehungen zu erleichtern und zu entwickeln;

haben sich entschlossen, durch einen Vertrag die Bedingungen der freien Schifffahrt auf den Strömen Paraná und Uruguay festzustellen und in dieser Weise die Hindernisse zu beseitigen, welche bis jetzt der Schifffahrt entgegen gestanden haben.

Zu diesem Ende haben sie zu ihren Bevollmächtigten ernannt, nämlich:

S. Ex. der Herr provisorische Director der Argentinischen Conföderation die Herren Don Salvador M. del Carril und Don Benjamin Gorostiaga,

Und S. M. der Kaiser der Franzosen den Herrn Ritter de St. Georges, Officier des Kaiserl. Ordens der Ehrenlegion, Comthur des Brasilianischen Christus-Ordens, Seinen ausserordentlichen Gesandten und bevollmächtigten Minister in besonderer und ausserordentlicher Sendung bei der Argentinischen Conföderation.

Nachdem sie ihre Vollmachten ausgewechselt und dieselben in guter und richtiger Form befunden, sind sie über folgende Artikel einig geworden:

Art. 1. Die Argentinische Conföderation in Ausübung ihrer souverainen Rechte gestattet (permitte) den Handelsfahrzeugen aller Nationen die freie Schifffahrt auf den Strömen Paraná und Uruguay in allen Theilen ihres Laufes, soweit er ihr gehört, sie einzig den Bedingungen unterwerfend, welche dieser Vertrag und die sanctionirten Reglements oder die von jetzt ab künftig die National-Autorität der Conföderation sanctioniren wird, feststellen.

Art. 2. Demzufolge werden die besagten Fahrzeuge zugelasssen in den Orten und Häfen der Argentinischen Conföderation zu verweilen und ein- und auszuladen, welche für diesen Zweck werden befähigt gemacht werden (forem habilitados).

Art. 3. Die Regierung der Argentinischen Conföderation von dem Wunsche beseelt, der innern Schifffahrt alle Erleichterungen zu gewähren, verpflichtet sich, Baken und Marken, welche das Fahrwasser bezeichnen, zu unterhalten.

Art. 4. Seitens der competenten Autoritäten der Conföderation wird man ein übereinstimmendes (uniforme) System für die Erhebung der Zoll-, Hafen-, Leuchtthurm-, Polizei- und Lootsen-Abgaben in dem ganzen Lauf der Gewässer, die der Conföderation gehören, aufstellen.

Art. 5. Die hohen contrahirenden Theile, indem sie erkennen, dass die Insel Martin Garcia, vermöge ihrer Lage, die freie Schifffahrt auf den Zuflüssen des Rio de la Plata behindern und lähmen kann, sind überein gekommen, allen ihren Einfluss dahin zu verwenden, dass der Besitz der besagten Insel von keinem Staate des Rio de la Plata oder seiner Zuflüsse, der nicht seinen Beitritt zu dem Princip der freien Schifffahrt erklärt hat, weder zurückgehalten noch conservirt werde.

Art. 6. Wenn es sich ereignen sollte, was Gott verhüten möge, dass der Krieg zwischen irgend welchen Staaten, Republiken oder Provinzen des Rio de la Plata oder seiner

Zuflüsse ausbräche, so wird die Schifffahrt auf den Strömen Paraná und Uruguay für die Handelsflagge aller Nationen frei bleiben. Es soll von diesem Princip keine Ausnahme stattfinden ausser bezüglich der Kriegsmunition, wie Waffen, Pulver, Blei und Kanonenkugeln.

Art. 7. Man reservirt ausdrücklich Sr. Maj. dem Kaiser von Brasilien und den Regierungen von Paraguay, Bolivia und des Staates Oriental del Uruguay die Freiheit, Theilnehmer an diesem Vertrage zu werden, im Falle sie geneigt sein sollten, seine Principien auf die Theile des Rio Paraná, Paraguay und Uruguay, auf welche sie respective Stromgerechtigkeiten besitzen könnten, anzuwenden.

Art. 8. Da die Hauptzwecke, zufolge welcher die Ströme Paraná und Uruguay der Schifffahrt der Welt frei bleiben sollen, die Entwickelung der Handelsbeziehungen mit den Uferländern und die Vermehrung der Einwanderung sind, so kommt man darüber überein, dass man keine Bevorzugung oder Immunität für die Flagge oder den Handel irgend einer andern Nation anerkennen wird, die sich nicht gleicher Weise auf die S. M. des Kaisers der Franzosen ausdehnt.

Art. 9. Der gegenwärtige Vertrag wird von Sr. Ex. dem Herrn Präsidenten der Argentinischen Conföderation innerhalb zwei Tagen nach seinem Datum ratificirt und dem ersten gesetzgebenden Congresse der Conföderation zur Genehmigung unterbreitet werden, und die Ratification Sr. M. des Kaisers der Franzosen soll innerhalb des Zeitraums von fünfzehn Monaten erfolgen.

Des zu Urkund zeichneten die respectiven Bevollmächtigten den gegenwärtigen Vertrag und siegelten ihn mit ihren Siegeln.

So geschehen in S. José de Flores am 10. Juli 1853.

(gez.) Salvador M. del Carril.
Le Chevalier de St. Georges.
José Benjamin Gorostiaga.

Die mit Grossbrittanien und den Vereinigten Staaten abgeschlossenen Verträge sind gleichen Inhalts, und Nachrichten vom Anfange des Octobers 1853 melden die Ratification dieser Verträge Seitens des constituirenden Congresses von Santa-Fé.

VI.

Wir geben im Folgenden aus der Constitution, welche der gegenwärtig in Santa-Fé versammelte Congress der Argentinischen Conföderation promulgirt hat und welche von den 13 Provinzen, die in demselben repräsentirt sind, angenommen ist, diejenigen Artikel, welche auf die Beförderung der Einwanderung Bezug nehmen.

Art. 14. Alle Einwohner der Conföderation geniessen, gemäss der Gesetze, die ihre Ausübung regeln, folgende Rechte: zu arbeiten und jede erlaubte Industrie zu betreiben, zu schiffen und zu commerciren, bei den Behörden zu petitioniren, in das Argentinische Gebiet einzutreten, in demselben zu verweilen, durch dasselbe zu transitiren und aus demselben sich zu entfernen, ihre Ideen durch die Presse, ohne vorgängige Censur zu veröffentlichen, ihr Eigenthum zu nützen und über dasselbe zu verfügen, sich zu nützlichen Endzwecken zu verbinden, ihren Cultus in Freiheit zu üben, Unterricht zu ertheilen und zu nehmen.

Art. 20. Die Ausländer geniessen in dem Territorium der Conföderation alle bürgerlichen Rechte der Staatsbürger; können ihre Industrie, Handel und Profession betreiben, Grundeigenthum besitzen, erwerben und veräussern, die Flüsse und Küsten beschiffen, frei ihren Cultus ausüben, sich verheirathen und testiren. Sie sind nicht verpflichtet, Staatsbürger zu werden, noch ausserordentliche forcirte Contributionen zu zahlen. Das Staatsbürgerrecht können sie nach zweijährigem ununterbrochenem Aufenthalte innerhalb der Conföderation erlangen;

aber die oberste Behörde kann diesen Termin zu Gunsten solcher Personen abkürzen, welche darum nachsuchen und auf Dienste, die sie der Republik geleistet haben, hinzuweisen vermögen.

Art. 21. Jeder Argentinische Staatsbürger ist verpflichtet, sich zur Vertheidigung des Vaterlandes und dieser Constitution, in Gemässheit der Gesetze, welche zu diesem Ende der Congress und die nationale Executivgewalt geben wird, zu bewaffnen. Die naturalisirten Staatsbürger sind von diesem Dienste während des Zeitraums von zehn Jahren, von dem Tage des Empfanges des Bürgerbriefes an gerechnet, befreit.

Art. 25. Die Föderalregierung wird der Europäischen Einwanderung jeden Vorschub leisten und darf nicht den Eintritt der Ausländer in das Argentinische Gebiet, welche sich vorgesetzt haben, den Boden zu bauen, die Industrieen zu verbessern oder Wissenschaften und Künste einzuführen und zu lehren, einschränken, begränzen, noch mit irgend einer Auflage belasten.

Art. 28. Die Principien, Garantieen und Rechte, welche in den vorstehenden Artikeln anerkannt sind, können nicht durch Gesetze alterirt werden, welche ihre Ausübung reguliren.

Gedruckt bei Julius Sittenfeld in Berlin.

Berichtigungen.

Seite 22,	Zeile	20	von oben muss, um Missverständnisse auszuschliessen, der Satz, welcher beginnt: Dampfschiffe von 8 Fuss Tiefgang gelangen u. s. w., also lauten: Dagegen ist man nach den vorliegenden Erfahrungen zu der Annahme berechtigt, dass Dampfschiffe von 8 Fuss und weniger Tiefgang, bei sonst zweckmässiger Bauart und mit hinlänglich kräftigen Maschinen versehen, von Buenos-Ayres in 8 Tagen nach Asuncion gelangen und diesen Weg in 5 Tagen zurücklegen können.
„ 26,	„	2	von unten statt: Tabas, Yoyivida, liess: Tobas, Yoyvida.
„ 33,	„	7	von unten statt: derselbe, liess: dieselben.
„ 33,	„	6	von unten statt: konnte, liess: konnten.
„ 73,	„	15	von oben statt: Ländersprache, liess: Landessprache.
„ 97,	„	7	von unten statt: Muflo, liess: Nuflo.
„ 97,	„	6	von unten statt: Chares, liess: Chaves.
„ 105,	„	17	von oben statt: Guleguay, liess: Gualeguay.
„ 124,	„	13	von unten statt: Bolivianna, liess: Boliviana.

80
10
15
20
Truxillo
M. Pelagotos
Huaras
Huari
Huaillapa
Supe
Huanra
Canta
Huanra P.
Callao
LIMA
C. y R. Canete
B. de Pisco
M
A
R
P
E
MATTO GROSSO
Jtenes
Barbados
Alegre
Jaurú
Aguapay
ó Agua clara
S. Xavier
S. Ygnacio
Campos alegre
S. Ana
Concepcion
S. Miguel
S. Rafael
R. Salinas
S. Miguel
Turquis
L. Concepcion
16
17

75
70
Ucayali
Pan de Azucar
Campos de Piros
Apurimac
Chunchos
Purus
Toromonas
Pto. Viejo
Pacaguaras
Ysiamas
Reyes
Tumipasa
Madre Dios
Paucartambo
CUZCO
Quiquijana
Abancay
Paruro
Acha
Siauani
S. Rosa
Velitte
Yauri
Ayaviri
Pucara
Lampa
Maravillas
PUNO
Titicaca
Copacabana
Juli
Carabeli
Atico
AREQUIPA
Omata
Camana
Yslay
Ylo
Tacna
Arica
Pelechuco
Apolobamba
Sorata
Achacache
LAPAZ
Illimani
Desaguadero
Sicasica
Pacajes
Guarangus
Toledo
Oruro
Cosapa
Andamarca
Tarapaca
Iquique
Maminna
Matilla
Tumantillo
Guatacondo
Viscachas
Mani
Chela
Rio Loa
Pt. Arena
Quillagua
Algodon B.
Cobija
Chacnsa
S. Barbara
Atacama Bajo
Chachag
C
O
r
d
i
l
l
e
r
a
A
C

65
Madera
Beni
Mamoré
Camarares
Cautares
Cordillera Geral
Guariteres
Caymanes
F. Principe de Beira
S. Rosa
Exaltacion
S. Simon
Guaporé ó Itenes
Cabixis
M O X O S
Concepcion
Trinidad
Loreto
Sora
Grande ó Guapai
S. Xavier
Conception
S. Ana
COCHABAMBA
Sacaba
Mizque
CHUQUISACA
POTOSI
Porco
Cinti
Tupiza
TARIJA
S. CRUZ de la Sierra
Guardia de Chiquitos
B O L I V I A
Chiriguanos
Pilcomayo
Itau
Juntas de S. Franco

60
55
10
15
20
Cabahybas
Xingu
Semidouro
T O
Minas de Diamantes
Baccahyris
Coroados
Prdo
Vermelho
Guardia ó Diamantino
Boa Vista
CUYABA
Paraguay
Villa Maria
Pocone
R O S S O
das Mortes
Cuyabá
Porudas
Xarayes
Tacuary
Chagotcos
Mbotely
Miranda
Coimbra
Mboimboy
Sa. Galhano
Payagua
Blanco
Tercrcy
P. de Azucar
Anhanduhy gauzu ó Nanduy
Pardo
Verde
Sucupiu
Tieté
Grande
SAN
PAULO
Paraná
Jpané ó Corrientes
Guarambiry
Amambau

MAPA DEL RIO DE
y de sus Conflu
Escala 1:8,600,00
Millas geograficas, 15=1 grado de
PROVINCIA
DE
OTUQUIS
GRAN CHAC
Sa. de Sunsas
Sa. de Santiago
Sa. de S. José
Sa. de S. Miguel
Sa. de Yoyvide
S. de Pantaleon
S. Juan
Tapera
S. José
Corazon
Santiago
Florida
OLIDEN
R. S. Tomas
R. Corazon
R. Tucabaca
R. S. Rafael
R. Otuquis
R. Latiriquiqui
Camino propuesto por el Snr. Kerst
Salinas de S. Jose
Salinas de Santiago
S. Ygnacio
grav. A. Schönknecht
18
19
20
25
30
35
90
85

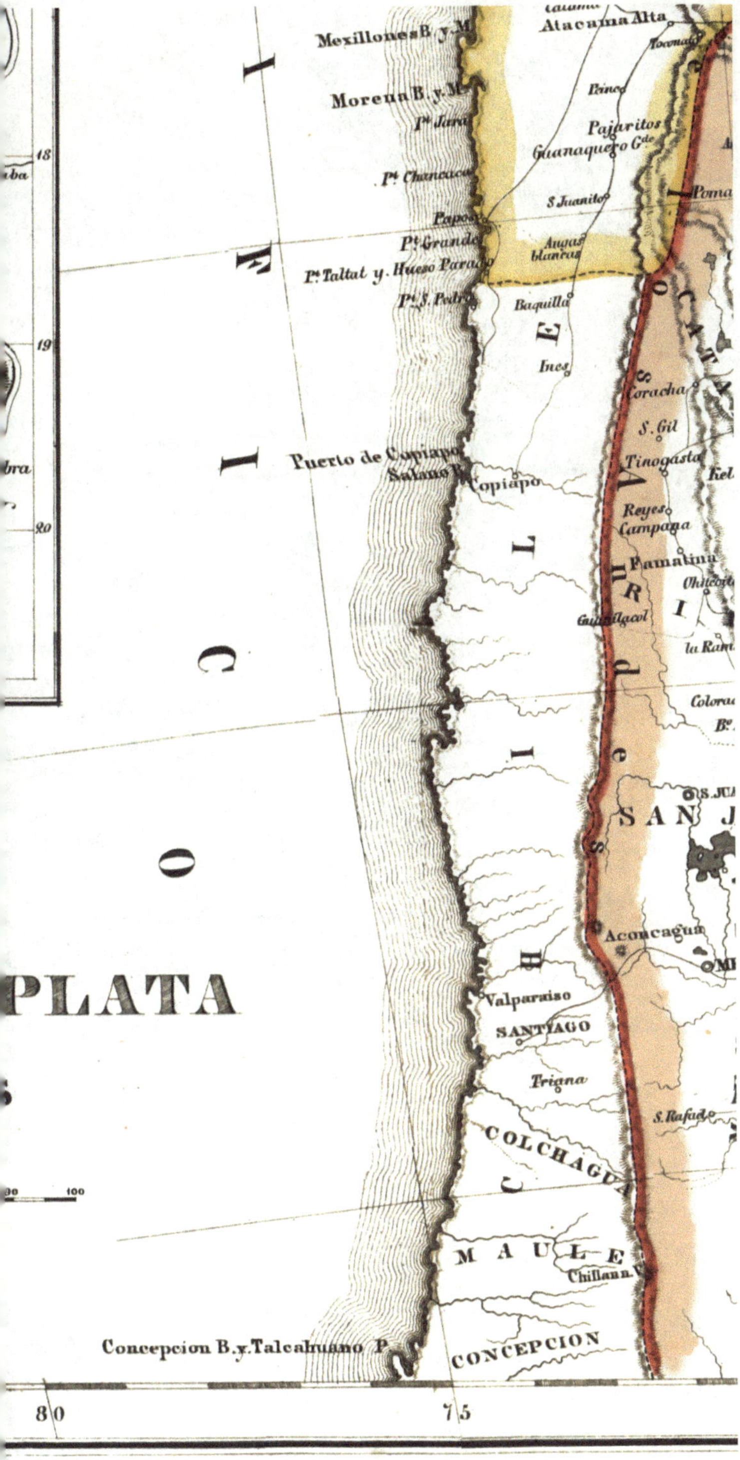

Mexillones B. y M.
Atacama Alta
Morena B. y M.
Pta Jara
Pajaritos
Guanaquero Gde
S. Juanito
Pt Grande
Augas blancas
Pt Taltat y. Hueso Parado
Pt S. Pedro
Baquilla
Ines
Coracha
S. Gil
Tinogasta
Puerto de Copiapo
Copiapo
Reyes
Campana
Famatina
Aconcagua
Valparaiso
SANTIAGO
Triana
S. Rafael
COLCHAGUA
MAULE
Chillan V.
CONCEPCION
Concepcion B. y Talcahuano P.
PLATA
18
19
20
100
80
75

Rosario
Casabindo
Guasara
Ledesma
Toro S.
Jujuy
Cl. Desmoblas
S. Lucas
Baquero
Burras
Cos. Santa
S. Barbara
Cuevas
SALTA
S. Bernardo
Valle
Cobres
Acay
Goro
Cienega
Guachipas
S. Fernando
Cochi
Ampas
Cachio
S. Jose
Caraguasi
Miraflores
L. Calcalet
Balbuena
Senda de Macomita
Conchas
Banados
Pitos
Macapillo
Rosario
Carlos
S. Migl.
Canas
Tranvas
Petucas
Capo
Pipas
S. Maria
Aconquija
Burruiaco
Labrea
TUCUMAN
Andalgala
Spultura
Maravilla
Amadores
Palmas
CATAMARCA
Graneros
Reduction
Sanchacorra
Mirandas
Ximenes
Puestos
Matara
Jarui
Conception
SANTIAGO
Anatuya
Piedra Blanca
Manogasta
la Torre
Simbolar
Salado
la Costa
la Noira
S. Domingo
Soconcho
Oratorio
Sabagasta
RIOJA
Salinas
Ambragasta
Remansos
Singasta
Cardoso
Algarrobas
Portezuelo
Puesta
Abipones
Chanar
Hedionda
S. Pedro
Porongos L.
Muerto
Simbolar
Intiguasi
Cerra Suela
Sinsacate
la Reyna
Cululu
Cayesta
Vallecito
Carnero
S. Roque
Arsinusa
Tio
CORDOVA
Torres
S. Fe
Bajada ó Para
S. Rosa
Coronda
Franquila
Chana
Tercero
S. Migl.
Tegua
Muerto
El Puesta
Quarto
S. Barbara
Espiritu
Chomes
Barranquitos
S. Jose
Beduction
Rosario
MENDOZA
S. LUIS
Esquina
S. Nicolas
Desaguadero
Quinto
Melinque
Medio
Corocorto
Fuerte
Tunas
Mercedes
Pergamino
F. Bevedero
Arrecifes
Rojas
Salto
Paulino
Ramada
Titalitu
Cerillos
Jarilla
Ranqueles
F. 25 de Mayo
Agua Nueva
Looco
Meuco
Ca. Zapata
F. Lag. Blanca
Ca. Larga
S. Payen
Patrol
Cayru
Luanco
Tuelce
Teray
L. Paraguayas
S. Lucas S.
Tapalqué
SANTIAGO
TUCUMAN
CORDOVA
SAN LUIS
MENDOZA
SAN JUAN
SANTA FE
ARGENTINA
70
65

Lith. Anst. v. W. Hagelberg vorm. Delius. in Berlin

FSC
www.fsc.org
MIX
Papier | Fördert gute Waldnutzung
FSC® C083411

Kolibri 360 GmbH
Ferdinand-Jühlke-Straße 7
99095 Erfurt, Deutschland
produktsicherheit@kolibri360.de